Graphische Kinematik und Kinetostatik des starren räumlichen Systems

Von

Dr. Ing. Karl Federhofer
o. Professor an der Technischen Hochschule Graz

Mit 48 Abbildungen im Text
und auf 5 Tafeln

Wien
Verlag von Julius Springer
1928

ISBN-13: 978-3-7091-9737-0   e-ISBN-13: 978-3-7091-9984-8
DPI: 10.1007/978-3-7091-9984-8

Alle Rechte, insbesondere das der Übersetzung
in fremde Sprachen, vorbehalten
Copyright 1928 by Julius Springer, Vienna

Einleitung und Vorwort.

Nicht viel mehr als ein Jahrzehnt ist vergangen, seit die graphische Methode in die früher fast ausschließlich mit analytischen Mitteln arbeitende Raumkraftstatik Eingang gefunden hat, während sie sich in der Statik und Kinematik ebener Systeme dank ihrer Einfachheit und Durchsichtigkeit schon längst eingebürgert hatte. So einfach auch schon vorher in manchen Fällen die Beschreibung von Konstruktionen der räumlichen Statik war, so umständlich würde ihre wirkliche Ausführung, solange man sich nur der damals in der darstellenden Geometrie üblichen Verfahren bedienen konnte. Um eine brauchbare graphische Statik des Raumes zu schaffen, bedurfte es der Ersinnung eines neuen Verfahrens der Darstellung der Vektoren des Raumes, das deren Zusammensetzung und Zerlegung in einfacherer Weise ermöglicht, als bei der Verwendung ihrer Grund- und Aufrisse.

Ein solches Verfahren verdankt man B. Mayor[1]), der die Raumvektoren auf die Kräfte einer Ebene abbildete und damit zu einer einfachen Bestimmung der Stabkräfte im Raumfachwerke gelangte. R. v. Mises[2]) hat dieses Verfahren durch Verwendung des Momentvektors und durch eine bequeme Darstellung des äußeren Produktes zweier Vektoren in eine dem Ingenieur besonders zusagende anschauliche Form gebracht, während eine auch von Mayor angegebene und von Prager[3]) konstruktiv verwendete Abbildung, die der ersteren dual gegenübersteht, zu einer einfachen Ermittlung des inneren Produktes zweier Vektoren geführt hat.

Die Dualität beider Abbildungsverfahren ermöglicht die unmittelbare Konstruktion einer Abbildung aus der anderen ohne Umweg über den Auf- und Grundriß des Raumvektors.

Da durch diese Verfahren die Probleme der Raumkraftstatik auf ebene Probleme zurückgeführt werden, so können die einfachen Hilfsmittel der ebenen graphischen Statik durchwegs verwendet werden; die Leistungsfähigkeit dieser neuen Methoden ist hinreichend erwiesen

---

[1]) Mayor, B.: Statique graphique des systèmes de l'espace. 1910 und Introduction à la Statique..... 1926.

[2]) Graphische Statik räumlicher Systeme. Zeitschr. f. Math. u. Phys. 1916.

[3]) Beitrag zur Kinematik d. Raumfachwerkes. Zeitschr. f. angew. Math. u. Mech. 1926.
Die Formänderungen von Raumfachwerken. Zeitschr. f. angew. Math. u. Mech. 1927.

durch die in den angegebenen Arbeiten gezeigten Anwendungen; eine Reihe von Fragen aus der Statik des Raumfachwerkes und über allgemeine räumliche Kraftsysteme wurden in überraschend einfacher Weise gelöst.

Der Vektorcharakter der zur Beschreibung der Bewegung des räumlichen Systems nötigen Größen (Geschwindigkeit, Beschleunigung, Drehvektor, Winkelbeschleunigung) legt die Vermutung nahe, daß diese Abbildungsverfahren auch als geeignete Mittel für eine zeichnende Kinematik des räumlichen Systems verwendet werden könnten; in einem vorläufigen Berichte „Über die Beschleunigungen bei der räumlichen Bewegung des starren Körpers"[1]) glaube ich diese Annahme bestätigt zu haben. In der vorliegenden Schrift wird nun der Versuch gemacht, auf Grund der neuen Abbildungsmethoden eine graphische Kinematik und Kinetostatik des räumlichen Systems zu entwickeln. Zu diesen Untersuchungen wurde ich veranlaßt durch den Umstand, daß die fundamentalen Werke über Kinematik von L. Burmester und über Dynamik von F. Wittenbauer, die sich durchwegs graphischer Methoden bedienen, nur die Bewegung des ebenen starren Systems behandeln, während die der räumlichen Bewegung gewidmeten umfassenden Werke entweder das Schwergewicht der Untersuchung auf die geometrischen Eigenschaften der Bewegung verlegen, also eine kinematische Geometrie entwickeln, oder aber bei Darstellung der Geschwindigkeiten und Beschleunigungen von der graphischen Methode keinen Gebrauch machen.

Das Ziel der vorliegenden Untersuchungen liegt: 1. in einer einfachen zeichnerischen Ermittlung der Geschwindigkeiten und Beschleunigungen bei der räumlichen Bewegung, und zwar zunächst für den im Raume freien Körper, dann für den zwangläufig bewegten Körper; 2. in der Lösung der Aufgabe, bei gegebenem Geschwindigkeitszustand aus den eingeprägten Kräften das Beschleunigungssystem der zwangläufigen Bewegung zu ermitteln und die Führungsreaktionen zu konstruieren. Die Lösung dieser kinetostatischen Aufgabe kann zwar rein graphisch erfolgen, einfacher erweist sich hingegen die Benützung eines graphisch-analytischen Verfahrens. Der in der graphischen Kinetostatik des ebenen Systems so vorteilhafte Ersatz der bewegten Masse durch dynamisch gleichwertige Massenpunkte kann auch hier nach den Reyeschen Äquivalenzuntersuchungen[2]) in sehr mannigfacher Weise vorgenommen werden, allein es zeigt sich, daß bei der räumlichen Bewegung infolge der Umständlichkeit der Berechnung der Ersatzmassen im allgemeinen hiemit kein Vorteil erzielt wird.

---

[1]) Zeitschr. f. angew. Math. u. Mech. 1927.
[2]) Zeitschr. f. Math. u. Phys., Bd. 10, S. 433. 1865 und Handbuch d. Phys., Bd. V, S. 264. 1927.

Außerhalb des Aufgabenkreises dieser Schrift liegt die Untersuchung der Bewegungen bei Freiheit zweiter und höherer Stufe, doch wurde die flächenläufige Bewegung im Abschnitte III, D berührt und dabei eine einfache Konstruktion des Bildes der Achse einer Kongruenz gewonnen.

Aus der großen Mannigfaltigkeit der zwangläufigen Bewegungen wurden nur jene Fälle herausgegriffen, die sich durch Führung einzelner Punkte des Körpers in Kurven oder auf Flächen ergeben.

Die beiden letzten Abschnitte befassen sich mit der Darstellung der Geschwindigkeiten und Beschleunigungen bei der Drehung des Körpers um einen festen Punkt (sphärische Bewegung) und mit der Kinematik der zwangläufigen sphärischen Bewegung.

Trotz dieser knappen Begrenzung des Stoffes, die sich auf die wichtigsten Fragen der räumlichen Kinematik beschränkt, hoffe ich, die Eignung und die Vorteile der neuen Abbildungsmethoden für kinematische Untersuchungen dargetan zu haben, wenn auch auf eine Gegenüberstellung der graphischen und analytischen Lösungen der behandelten Probleme verzichtet worden ist. Wer sich etwa die Mühe nimmt, die Untersuchungen in den Abschnitten III bis V auf rechnerischem Wege durchzuführen, wird von der Länge und Unübersichtlichkeit der Rechnungen unangenehm überrascht sein. Es darf daher erwartet werden, daß durch diese Arbeit die Freunde graphischer Methoden zur weiteren graphischen Bearbeitung von Problemen der räumlichen Bewegung angeregt werden, so daß vielleicht in einem späteren Zeitpunkte eine umfassende zeichnerische Darstellung der räumlichen Kinematik gegeben werden kann.

Es ist mir eine angenehme Pflicht, meinem Assistenten, Herrn Ing. H. Winter, für seine Mitwirkung bei der Zeichnung der Abbildungen und beim Lesen der Korrekturen bestens zu danken.

Graz, im Februar 1928.

K. Federhofer.

Inhaltsverzeichnis

	Seite
I. Darstellung der Raumvektoren	1
A. Abbildungsverfahren nach B. Mayor und R. v. Mises	1
1. Konstruktion des Bildes eines Raumvektors	1
2. Darstellung von Momentenvektoren. Eigenschaften dieser Abbildung	2
B. Abbildungsverfahren II	3
3. Konstruktion des Bildes	3
4. Darstellung des inneren Produktes zweier Raumvektoren	4
5. Zusammenhang der Abbildung I und II	5
6. Konstruktion des Momentenvektors nach Verfahren II	5
C. Konstruktion des Momentes eines Vektors für einen beliebigen Drehpunkt A	6
7. Konstruktion des Bildes	6
8. Anwendungen	7
II. Die momentane Schraubenbewegung	10
A. Geschwindigkeitszustand	10
9. Festlegung des Geschwindigkeitszustandes	10
10. Geschwindigkeit eines beliebigen Punktes; reduzierte Geschwindigkeiten	11
11. Geschwindigkeitsplan	13
12. Geschwindigkeitszustand einer Geraden	14
13. Konstruktion der Elemente der Schraubung aus f_P und $\mathfrak{w}$	14
14. Die Schraubenachse steht senkrecht auf der Bildebene	15
B. Beschleunigungszustand	16
15. Schiebungs- und Winkelbeschleunigung	16
16. Beschleunigung eines beliebigen Punktes, Beschleunigungspol	17
17. Konstruktion von $\mathfrak{h}_B$ aus dem gegebenen Beschleunigungspole π und den Vektoren $\mathfrak{w}$ und $\mathfrak{l}$	19
18. Konstruktion von $\mathfrak{h}_O$ aus dem Beleuchtungspole π und aus den Vektoren $\mathfrak{u}$ und $\mathfrak{l}_r$	21
19. Konstruktion des Beschleunigungspoles. Sonderfälle	23
20. Zuordnung der Beschleunigungspunkte und der Systempunkte	27
21. Beschleunigungszustand der Schraubenachse	29
22. Der Zentralpunkt A der Schraubenachse, Wechselgeschwindigkeit, Schiebungsbeschleunigung	29
23. Die Wechselgeschwindigkeiten der Punkte der Schraubenachse	31
24. Die Bahnen der Systempunkte und ihre Krümmungsmittelpunkte	32
25. Beschränkungen bei Annahme der Geschwindigkeiten und Beschleunigungen	34
26. Eigenschaften der Beschleunigungssysteme des starren Körpers	36

III. Graphische Kinematik des zwangläufigen räumlichen Systems 37
- A. Arten des Zwanglaufes 37
- B. Die räumliche Zweipunktführung 38
  - 27. Geschwindigkeitszustand 38
  - 28. Beschleunigungszustand................................ 39
- C. Die Dreipunktführung 41
  - 29. Einleitung.. 41
  - 30. Geschwindigkeitszustand 42
  - 31. Ermittlung der Schraubenachse 43
  - 32. Beschleunigungszustand................................ 45
- D. Die Vierpunktführung 47
  - 33. Geschwindigkeitszustand 47
  - 34. Achse der Kongruenz 50
- E. Die Fünfpunktführung 51
  - 35. Konstruktion der Schraubenachse 51

IV. Graphische Kinetostatik des zwangläufigen starren räumlichen Systems 52
- A. Die Zweipunktführung 52
  - 36. Das System der Beschleunigungsdrücke 52
  - 37. Ermittlung der Beschleunigungen aus den eingeprägten Kräften 54
  - 38. Erläuterung der Konstruktion.......................... 56
  - 39. Konstruktion der Führungsdrücke 58
- B. Die Dreipunktführung 59
  - 40. Das System der Beschleunigungsdrücke 59
  - 41. Konstruktion von $\mathfrak{D}$ und $\mathfrak{Z}$ 61
  - 42. Ermittlung der Beschleunigungen aus den eingeprägten Kräften 62
  - 43. Erläuterung der Konstruktionen in Abb. 37, Tafel IV... 64
  - 44. Konstruktion der Führungsdrücke 67

V. Die sphärische Bewegung 68
- 45. Geschwindigkeitszustand 68
- 46. Beschleunigungszustand................................... 69

VI. Die zwangläufige sphärische Bewegung 71
- 47. Das sphärische Kurbelgetriebe 71
- 48. Das sphärische Doppelkurbelgetriebe 75
- 49. Die Bewegung der Taumelscheibe 80

Tafel I—V.

I. Darstellung der Raumvektoren.

A. Abbildungsverfahren nach B. Mayor und R. v. Mises.

Es werden den Raumvektoren die Kräfte in einer Ebene (Abbildungsebene) ein-eindeutig zugeordnet.

1. Konstruktion des Bildes eines Raumvektors.

Seien P' und P'' Grundriß und Aufriß eines Raumvektors $\mathfrak{P}$, $X'Y'Z'$ seine Komponenten in Bezug auf ein rechtshändiges Achsensystem (Abb. 1) mit dem Ursprung O, so wird diesem Raumvektor eine Kraft P in der Bezugsebene XY zugeordnet mit den Teilkräften $X = X'$, $Y = Y'$. Das Moment von P um O wird $c \cdot Z'$ gesetzt, worin c eine beliebige positive Konstante bedeutet; der Drehsinn des Bildes oder Stabes P erhält das Vorzeichen von Z', positiven Werten von Z' sollen daher Momente M zugeordnet sein, die von oben gesehen, entgegengesetzt dem Uhrzeigersinn drehen.

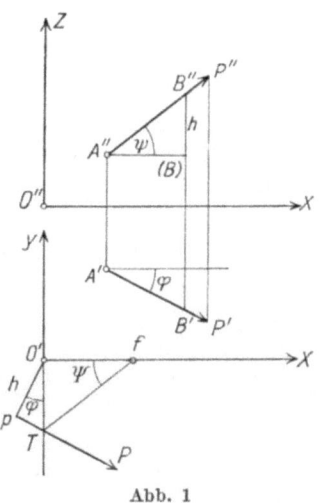

Abb. 1

Diese dem Raumvektor $\mathfrak{P}$ zugeordnete Kraft P in der Bildebene heißt der **Bildstab** oder kurz das **Bild** von $\mathfrak{P}$, das an eine bestimmte Wirkungslinie, den Träger des Stabes, gebunden ist.

Nach dieser Festlegung erhält man das Bild P von $\mathfrak{P}$, indem auf P' die Strecke $A'B'$ gleich c (Abbildungskonstante) gemacht wird und aus dem Aufrisse das Maß $(B)B''$ als Hebelarm h für P entnommen wird. Das Bild P ist dann parallel zu P' und hat die Entfernung h von O.

Eine bequemere Konstruktion des Bildes P aus dem Grund- und Aufrisse, die den Vorteil hat, daß die Strecke h nicht übertragen werden muß und bei der kein Fehler bezüglich des Vorzeichens von h unterlaufen kann, ist die folgende:

Man zieht durch den auf der positiven X-Achse in der Entfernung c von O' gelegenen Punkt f (Abb. 1) die Parallele zum Aufrisse P'' bis zum Schnitte T mit der Y-Achse; dann ist T ein Punkt des Bildes P, welches daher durch die Parallele durch T zu P' dargestellt ist.

Die Richtigkeit dieser Konstruktion folgt aus dem Nachweise, daß sie für die Strecke $O'T$ die Länge $\dfrac{h}{\cos \varphi}$ liefert, wie es das bei p rechtwinklige Dreieck $O'pT$ fordert. Nun ist $O'T = c \, \text{tang} \, \psi$ oder wegen $\text{tang} \, \psi = \dfrac{h}{A''(B)}$: $\qquad O'T = \dfrac{h \cdot c}{A''(B)}$.

Da aber $\dfrac{A''(B)}{c} = \dfrac{A''(B)}{A'B'} = \cos \varphi$, so ist in der Tat $O'T = \dfrac{h}{\cos \varphi}$.

Umgekehrt liefert diese Konstruktion in einfachster Weise den Aufriß aus dem gegebenen Bilde: es ist P'' parallel zu fT.

Für weitabfallende Punkte T muß freilich auf die früher angegebene Konstruktion zurückgegriffen werden.

2. Darstellung von Momentenvektoren. Eigenschaften dieser Abbildung.

Auch die Momentenvektoren werden in einfacher Weise durch Kräfte (Stäbe) in der Bezugsebene abgebildet. Sind $M'_x M'_y M'_z$ die Komponenten des Momentes $\mathfrak{M}$ einer Kraft $\mathfrak{P}$ bezüglich O und ist die Kraft $\mathfrak{P}$ durch ihr Bild P und durch den Spurpunkt g_P ihrer Wirkungslinie in der Abbildungsebene festgelegt (Abb. 2), so liefert die Zuordnung

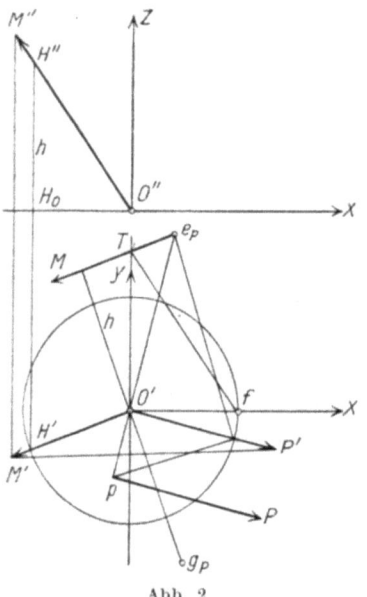

Abb. 2

$$X = \frac{M'_x}{c}, \quad Y = \frac{M'_y}{c}, \quad Z = M'_z$$

die Elemente des Bildes M in der Bezugsebene.

Das Bild M des Momentenvektors $\mathfrak{M}$ steht senkrecht auf $O'g_P$ und geht durch den Antipol e_P des Bildes P in Bezug auf O' $(\overline{O'p} \cdot \overline{O'e_P} = c^2)$. Zieht man durch P' die Normale zu $e_P g_P$, so schneidet sie die in O' errichtete Senkrechte zu $O'g_P$ in M' und man hat in $O'M'$ die Länge des Bildes M gefunden. Es ist

(1) $\qquad \overline{O'M'} \cdot c = \sqrt{{M'_x}^2 + {M'_y}^2}, \qquad \overline{O'M'} \cdot h = M'_z$

Man erhält daher den Aufriß $O''M''$ des Momentenvektors, indem man im Schnitte H' von $O'M'$ mit dem Abbildungskreise (Mittelpunkt O',

Halbmesser c) den Projektionsstrahl senkrecht zur X-Achse zieht und auf diesem von H_0 aus die Länge h bis H'' in jenem Sinne aufträgt, der dem Drehsinne des Bildes M entspricht. Dann liegt M'' auf dem Strahle $O''H''$.

Da $O''M'' \parallel Tf$ sein muß, kann die Konstruktion des Hilfspunktes H'' erspart werden.

Dieses Abbildungsverfahren, von dem im folgenden fast ausschließlich Gebrauch gemacht wird, wollen wir kurz das Verfahren I nennen. Es gelten hiefür folgende Sätze:

I. Der Summe von Raumvektoren entspricht die Summe ihrer Bildstäbe.

II. Den Vektoren, die einer Geraden parallel sind, entsprechen Stäbe mit gleichem Träger.

III. Den Vektoren, die einer Ebene parallel sind, entsprechen Bilder, deren Träger durch einen Punkt, den Bildpunkt dieser Ebene, gehen.

IV. Stehen zwei Vektoren zueinander senkrecht, so geht das Bild des einen Vektors durch den Antipol des Bildes des zweiten Vektors.

Aus den Sätzen III und IV folgen sofort die zwei weiteren Sätze:

V. Der für die Abbildung einer Ebene charakteristische Bildpunkt (nach III der Schnittpunkt der Bilder aller zu ihr parallelen Vektoren) ist der Antipol des Bildes der Normalen dieser Ebene.

VI. Das Bild der Normalen einer Ebene ist die Antipolare des Bildpunktes der Ebene.

B. Abbildungsverfahren II.

Dieses Verfahren gelangte erstmals durch W. Prager bei Untersuchungen über die Kinematik des Raumfachwerkes zur konstruktiven Verwertung, es gestattet eine einfache Darstellung des inneren Produktes zweier Vektoren.

3. Konstruktion des Bildes.

Hiebei wird dem Raumvektor $\mathfrak{P}$ ein zur Bildebene XY senkrechter Bildstab von der Länge $Z = Z'$ so zugeordnet, daß seine Momente in Bezug auf die Koordinatenachsen die Werte

$$M_x = X'c, \qquad M_y = Y'c, \qquad M_z = 0 \qquad (2)$$

erhalten. Demnach ist die Lage des Bildstabes in dieser Abbildung festgelegt durch seinen Schnittpunkt $\overline{P}$ mit der Bildebene, den wir den „Bildpunkt" von $\mathfrak{P}$ nennen. Er hat bei Zugrundelegung unseres rechtshändigen Koordinatensystems die Koten:

$$x_{\overline{P}} = -c\frac{Y'}{Z'}; \qquad y_{\overline{P}} = +c\frac{X'}{Z'}. \qquad (3)$$

Hienach steht die Verbindungslinie von Bildpunkt und Koordinatenursprung senkrecht auf dem Grundrisse P' des abgebildeten Vektors $\mathfrak{P}$.

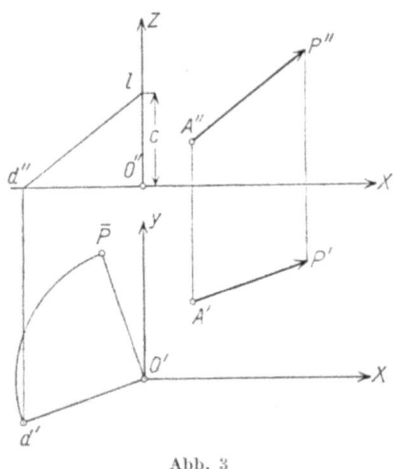

Abb. 3

Man erhält den Bildpunkt aus P' und P'', indem man den Schnittpunkt d des durch den Punkt l ($z = c$) gelegten Raumvektors $\mathfrak{P}$ mit der Bildebene bestimmt (Abb. 3) und diesen im Sinne des Uhrzeigers um einen rechten Winkel um O' dreht.

VII. Auch für das Abbildungsverfahren II gelten die Sätze I und II wie beim Verfahren I. Der Bildpunkt des resultierenden Stabes ist daher der Schwerpunkt der mit den Gewichten $Z_1, Z_2 \ldots$ belasteten Bildpunkte der einzelnen Vektoren.

VIII. Den Vektoren, die einer Ebene parallel sind, entsprechen Stäbe, die in einer Ebene liegen; ihre Bildpunkte liegen daher auf einer Geraden.

4. Darstellung des inneren Produktes zweier Raumvektoren.

Um das innere Produkt $\mathfrak{P}_1 \cdot \mathfrak{P}_2$ der beiden Vektoren $\mathfrak{P}_1$, $\mathfrak{P}_2$ zu erhalten, bildet man den einen Vektor, z. B. $\mathfrak{P}_1$, nach dem Verfahren I, den zweiten nach Verfahren II ab und bestimmt das statische Moment des Bildstabes P_1 in Bezug auf den Bildpunkt $\overline{P}_2$. Bezeichnet man nach Prager das Produkt aus diesem Momente und Z_2 als „statisches Moment des Stabes P_1 in Bezug auf den Stab P_2", so gilt der Satz:

IX. Das innere Produkt zweier Vektoren ist gleich dem durch c dividierten statischen Moment des Bildstabes des einen in Bezug auf den Bildstab des anderen Vektors.

Daraus folgt unmittelbar:

X. Für zwei zueinander senkrechte Vektoren muß der Bildpunkt des einen Vektors auf dem Bilde des zweiten liegen.

Mit Rücksicht auf den Satz V gilt daher weiters:

XI. Der Bildpunkt der Normalen einer Ebene fällt zusammen mit dem Antipol des Bildes dieser Normalen. Da aber die Lage der Ebene ganz willkürlich ist, so gilt allgemein der Satz:

XII. Der Bildpunkt eines Vektors ist der Antipol des Bildes dieses Vektors und das Bild eines Vektors ist die Antipolare seines Bildpunktes.

5. Zusammenhang der Abbildungen I und II.

Durch den Satz XII ist der einfache duale Zusammenhang der beiden Abbildungsverfahren aufgedeckt, der die unmittelbare Konstruktion der Abbildung II eines Vektors aus der Abbildung I und umgekehrt gestattet.

Ist z. B. in Abb. 4 das Bild P des in O angesetzten Raumvektors $\mathfrak{P}$ gegeben, so erhält man den Bildpunkt $\overline{P}$ als Antipol von P bezüglich des Abbildungskreises, so daß also $\overline{O'p} \cdot \overline{O'\overline{P}} = c^2$. Die Länge Z des Bildstabes gewinnt man durch Konstruktion des Aufrisses $O''P''$; man dreht entweder den Bildpunkt $\overline{P}$ um 90° entgegengesetzt dem Uhrzeigersinne nach d' und zieht durch O'' die Parallele zu $d''l$ oder man beachtet, daß $O''P''$ parallel sein muß zu Tf.

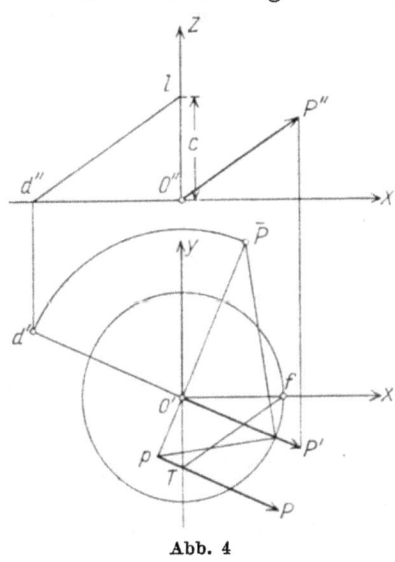

Abb. 4

6. Konstruktion des Momentenvektors nach Verfahren II.

Ist die Kraft $\mathfrak{P}$, deren Moment in Bezug auf O dargestellt werden soll, gegeben durch ihr Bild P und durch den Spurpunkt g_P ihrer Wirkungslinie in der Abbildungsebene, so liegt der Bildpunkt $\overline{M}$ des Momentenvektors im Schnittpunkte von $O'g_P$ mit P. Dies folgt daraus, daß der Vektor $\mathfrak{M}$ senkrecht steht sowohl auf $\mathfrak{P}$ wie auch auf Og_P, weshalb nach Satz X der Bildpunkt $\overline{M}$ auf den Bildern von $\mathfrak{P}$ und Og_P

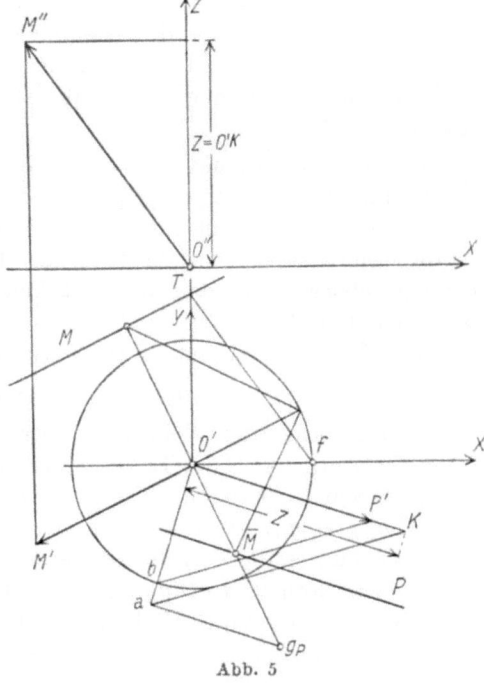

Abb. 5

liegen muß; das Bild des in der Bildebene liegenden Vektors Og_P deckt sich aber mit diesem Vektor.

Der dem Momente $\mathfrak{M}$ entsprechende Bildstab wird mit der Länge $Z = \dfrac{M}{c} = \dfrac{P \cdot p}{c}$ aufgetragen, worin p den Hebelarm der in g_P angesetzten Kraft P bedeutet.

Fällt man in Abb. 5 aus O' die Senkrechte zu P, verbindet den Punkt b mit P' und zieht durch den Fußpunkt a ($\overline{O'a} = p$) die Parallele, so ist $O'K = \dfrac{P \cdot p}{c}$, also gleich der gesuchten Bildstablänge Z; das Vorzeichen von Z muß dem Drehsinne von P' um O' entsprechen.

Das Bild M von $\mathfrak{M}$ nach Verfahren I ist die Antipolare des Bildpunktes $\overline{M}$ bezüglich des Abbildungskreises. Der Aufriß $O''M''$ des Vektors $\mathfrak{M}$ ist wieder parallel zu Tf und es ist dessen Projektion auf die Z-Achse gleich $O'K$, womit auch der Grundriß $O'M'$ bestimmt ist.

Wir haben hiemit eine zweite Konstruktion des Bildes des Momentenvektors gefunden (vgl. Ziff. 2).

C. Konstruktion des Momentes eines Vektors für einen beliebigen Drehpunkt A.

7. Konstruktion des Bildes.

Sei $\mathfrak{a}$ der Ortsvektor des Drehpunktes A (Abb. 6) bezüglich des Aufpunktes O, $\mathfrak{b}$ jener eines Punktes B auf der Wirkungslinie des Vektors $\mathfrak{H}$, so ist das Moment von $\mathfrak{H}$ um A: $(\mathfrak{b}-\mathfrak{a}) \times \mathfrak{H}$ ($\times$ bedeutet ein Vektorprodukt).

g_H sei der Spurpunkt des Vektors $\mathfrak{H}$, g_A der Spurpunkt einer durch den Drehpunkt A zu $\mathfrak{H}$ gezogenen Parallelen. Daher ist $g_A g_H$ die Spur der Ebene $AB\mathfrak{H}$, in welcher der Vektor $\mathfrak{H}$ dreht. Der gesuchte Momentenvektor steht senkrecht auf dieser Ebene, daher muß sein Bild senkrecht zur angegebenen Spur sein und muß den Antipol e_H des Bildes von $\mathfrak{H}$ enthalten, da ja $\mathfrak{M} \perp \mathfrak{H}$.

Um die Länge des Bildes M zu erhalten, bedenken wir, daß gemäß
$$\mathfrak{M} = \mathfrak{b} \times \mathfrak{H} - \mathfrak{a} \times \mathfrak{H}$$
von dem in bekannter Weise zu konstruierenden Moment des Vektors $\mathfrak{H}$ um den Aufpunkt O der Teil $\mathfrak{a} \times \mathfrak{H}$ geometrisch abzuziehen ist, dessen Bild senkrecht steht zu $O'g_A$. Zieht man daher nach (Ziff. 2) $O'm_1 \perp O'g_H$ und $H'm_1 \perp e_H g_H$, so erhält man im Schnitte beider Normalen einen Punkt m_1 und es ist $O'm_1$ die Länge des Bildes von $\mathfrak{b} \times \mathfrak{H}$. Die durch m_1 gezogene Normale zu $O'g_A$ schneidet die durch O' gezogene Parallele zu M in M' und es gibt $O'M'$ die Länge des Bildes von $\mathfrak{M}$ an, die Strecke $m_1 M'$ stellt die Länge des Bildes von $-(\mathfrak{a} \times \mathfrak{H})$ dar.

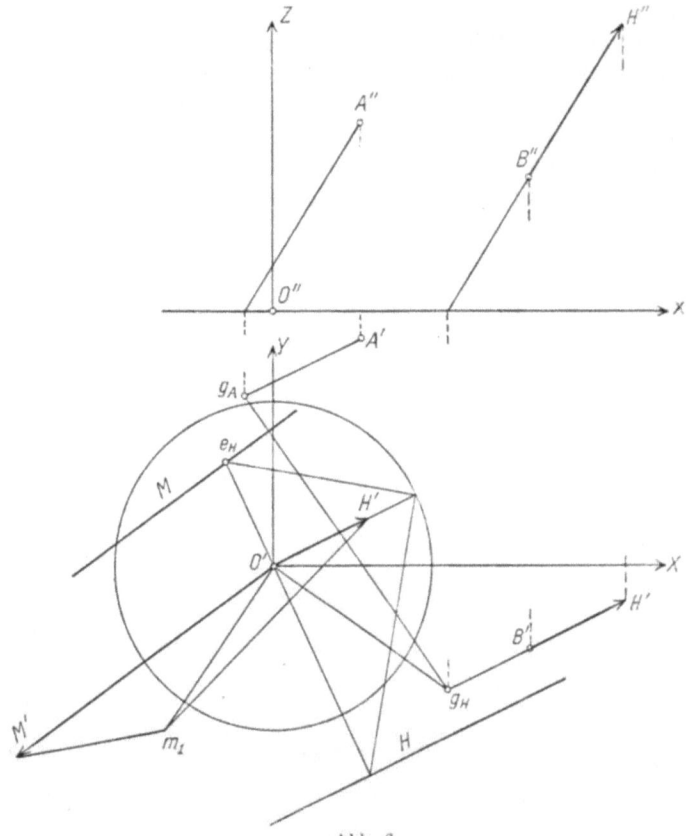

Abb. 6

8. Anwendungen.

Es sollen nun vier Beispiele behandelt werden, deren Lösung bei den späteren kinematischen Untersuchungen gebraucht wird.

a) Gegeben sei ein Vektor $\mathfrak{H}$ nur seiner Lage nach (durch sein Bild H und den Spurpunkt g_H) sowie ein Punkt A; vom Momente des Vektors $\mathfrak{H}$ um A, dessen Bild durch die Angaben schon festgelegt ist, sei auch die Größe gegeben. Es ist die Größe des Vektors $\mathfrak{H}$ zu ermitteln.

Die Lösung erfolgt auf Grund der in Abb. 6 entwickelten Konstruktion. Man bestimmt zunächst den Spurpunkt g_A der zu $\mathfrak{H}$ durch A gezogenen Parallelen sowie den Antipol e_H und erhält in der Normalen durch e_H zu $g_A g_H$ das Bild von M, so daß, da die Länge des Bildes bekannt ist, auch der Punkt M' bestimmt ist. Sodann zieht man $M' m_1 \perp O' g_A$, $O' m_1 \perp O' g_H$, womit der Punkt m_1 festgelegt ist. Endlich schneidet man die durch O' zum Grundriß von $\mathfrak{H}$ gezogene Parallele mit der Normalen im Punkte m_1 zu $g_H e_H$, wodurch in $O'H'$ die Länge des Bildes von $\mathfrak{H}$ gefunden ist.

b) Es sind die Bilder der Momente $\mathfrak{M}_1$ und $\mathfrak{M}_2$ eines Vektors $\mathfrak{H}$ für zwei beliebige Drehpunkte A, D gegeben sowie die Größe des einen Momentes, z. B. von $\mathfrak{M}_1$; es soll der seiner Lage und Größe nach unbekannte Vektor $\mathfrak{H}$ konstruiert werden. Da $\mathfrak{H}$ senkrecht steht zu $\mathfrak{M}_1$ und $\mathfrak{M}_2$, so ist das Bild von $\mathfrak{H}$ gegeben durch die Antipolare des Schnittpunktes der gegebenen Bilder der Momentenvektoren, welcher Schnittpunkt

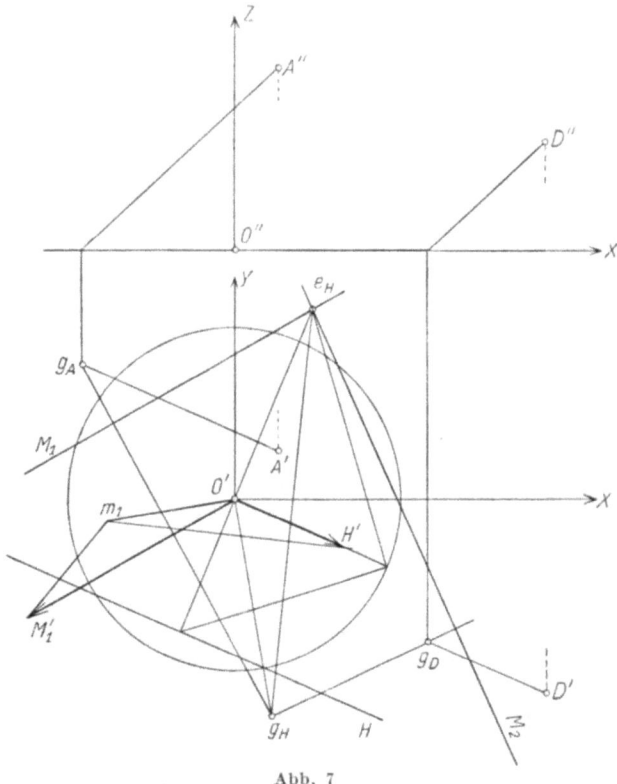

Abb. 7

somit der Antipol e_H des Bildes H sein muß (Abb. 7). Die Parallelen durch A und D zu $\mathfrak{H}$ liefern die Spurpunkte g_A, g_D; zieht man durch g_A die Normale zu M_1, durch g_D jene zu M_2, dann liegt in deren Schnittpunkt der Spurpunkt g_H des Vektors $\mathfrak{H}$. Die Länge des Bildes von $\mathfrak{H}$ kann nun wieder in bekannter Weise konstruiert werden.

c) Gegeben seien (Abb. 8) ein Vektor $\mathfrak{H}$ und sein Moment $\mathfrak{M}$ um den Drehpunkt A durch die zugehörigen Bilder H und M (wobei das Bild M durch den Antipol e_H von H gelegt werden muß); es ist die Lage des Vektors $\mathfrak{H}$ durch Angabe des Spurpunktes g_H zu bestimmen.

Sei $\mathfrak{x}$ der von O gezogene Ortsvektor zu irgendeinem Punkte von $\mathfrak{H}$, dann ist
$$\mathfrak{x} \times \mathfrak{H} = \mathfrak{M} + \mathfrak{a} \times \mathfrak{H}.$$
Das Moment $\mathfrak{a} \times \mathfrak{H}$ des in A angesetzten Vektors $\mathfrak{H}$ um O kann in bekannter Weise mit Hilfe der Linien $m_1 O' \perp g_A O'$ und $H' m_1 \perp g_A e_H$ (Abb. 8) bestimmt werden, es ist seine Bildlänge gleich $\overline{O' m_1}$. Nun liefert $\overrightarrow{O' m_1} +$
$+ \overrightarrow{O' M'}$ die Bildlänge $\overline{O' \mu_1}$ des Vektors $\mathfrak{x} \times \mathfrak{H}$ und es ist der gesuchte

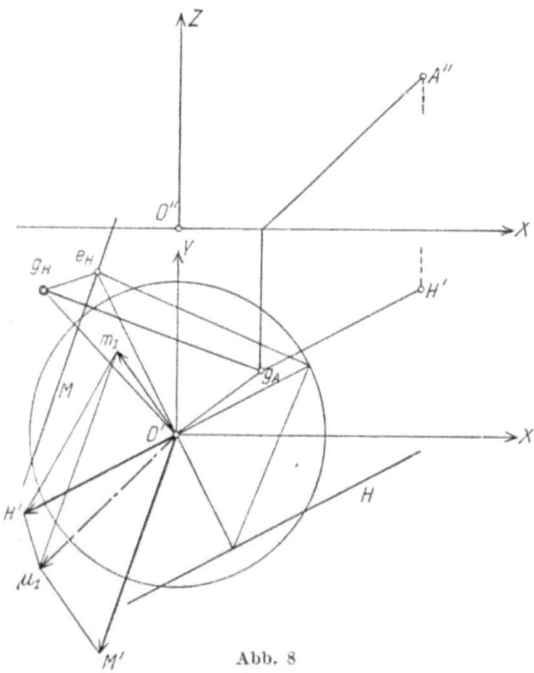

Abb. 8

Spurpunkt g_H als Schnitt der Geraden $O' g_H \perp O' \mu_1$ und $g_A g_H \perp M$ gegeben. Zur Kontrolle kann dienen, daß auch $e_H g_H \perp H' \mu_1$ sein muß.

d) Gegeben seien zwei Gerade G, H, die sich im Punkte S schneiden (Abb. 9). Die Gerade H enthalte den Vektor $\mathfrak{H}$; es soll jener Punkt A auf der Geraden G aufgesucht werden, für den das Moment des Vektors $\mathfrak{H}$ einen gegebenen Wert M besitzt.

Das Bild M ist durch die Antipole der Bilder G und H bereits festgelegt. Die Lösung der Aufgabe läuft auf die Ermittlung des Spurpunktes g der durch A gezogenen Parallelen zu $\mathfrak{H}$ hinaus. Es ist mit $\mathfrak{s}$ und $\mathfrak{a}$ als Ortsvektoren der Punkte S und A:
$$\mathfrak{M} = (\mathfrak{s} - \mathfrak{a}) \times \mathfrak{H},$$
somit $\qquad \mathfrak{a} \times \mathfrak{H} = \mathfrak{s} \times \mathfrak{H} - \mathfrak{M} = \mathfrak{M}_1.$

Konstruiert man die Länge $O'm_1$ des Bildes $\bar{\mathfrak{z}} \times \mathfrak{H}$ und macht $m_1 M'_1 \text{\textnumero} M'O'$, so ist in $O'M'_1$ die Bildlänge von $\mathfrak{M}_1$ gewonnen. Die

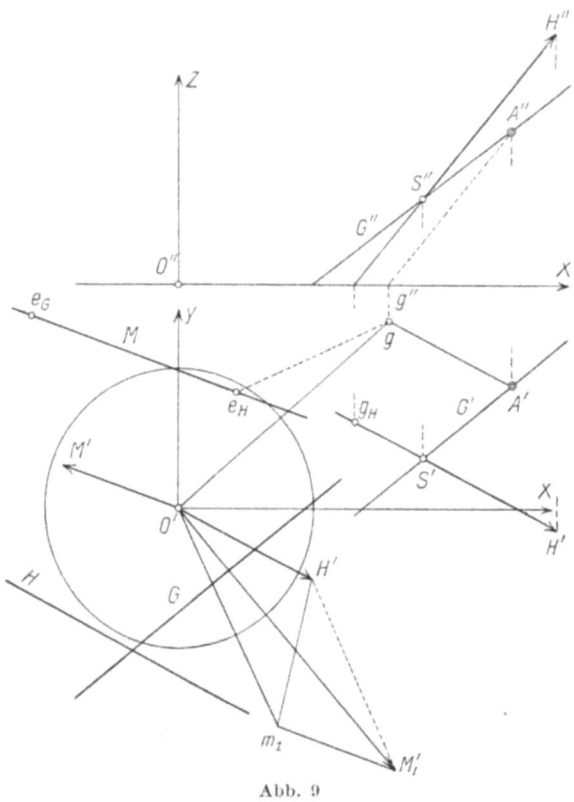

Abb. 9

Normalen zu $O'M'_1$ in O' und zu $H'M'_1$ durch e_H schneiden sich im Spurpunkte g. Der gesuchte Punkt A liegt dann im Schnitte der Geraden G mit der durch g zu $\mathfrak{H}$ gezogenen Parallelen (Kontrolle $g''A'' \parallel H''$).

II. Die momentane Schraubenbewegung.
A. Geschwindigkeitszustand.

9. Festlegung des Geschwindigkeitszustandes.

Der Geschwindigkeitszustand der momentanen Schraubenbewegung (Elementarschraubung) ist bestimmt durch Angabe eines Punktes der Schraubenachse, des Vektors $\mathfrak{w}$ der Winkelgeschwindigkeit und der für alle Systempunkte gleichen Schiebungsgeschwindigkeit $\mathfrak{v}$, wo $\mathfrak{v} \parallel \mathfrak{w}$ ist; die Lage der Schraubenachse wird durch ihren Spurpunkt g_ω in der Bildebene festgelegt. Entsprechend den 6 Freiheitsgraden der Bewegung eines freien starren Körpers im Raume brauchen wir 6 Koordinaten zur Festlegung des Geschwindigkeitszustandes; zwei davon legen den Punkt g_ω in der Bildebene fest, drei den Vektor $\mathfrak{w}$ und eine den Zahlenwert von $\mathfrak{v}$. Der Geschwindigkeitszustand ist auch eindeutig bestimmt durch die Geschwindigkeit eines beliebigen Punktes des Körpers und durch den Vektor $\mathfrak{w}$, woraus dann die Lage der Schraubenachse ermittelt werden kann (siehe Ziff. 13); oder auch durch die Geschwindigkeit eines Systempunktes, die Richtung der Geschwindigkeit eines zweiten Punktes und durch eine einen dritten Systempunkt enthaltende Ebene, in der dessen Geschwindigkeitsvektor liegen soll[1]).

10. Geschwindigkeit eines beliebigen Punktes; reduzierte Geschwindigkeiten.

Sei $\mathfrak{p}$ der von g_ω aus gemessene Ortsvektor zu dem beliebigen Punkte P, so ist seine Geschwindigkeit

$$\mathfrak{v}_P = \mathfrak{v} + \mathfrak{w} \times \mathfrak{p}. \qquad (4)$$

Da wir in der Zeichnung mit reinen Strecken operieren, so sind die Geschwindigkeiten als **Strecken** darzustellen.

Dazu ist es nur erforderlich, die Geschwindigkeiten durch den Absolutbetrag ω von $\mathfrak{w}$ zu dividieren. Wir nennen die so erhaltenen Geschwindigkeiten $\mathfrak{f}_A, \mathfrak{f}_B \ldots$ der Punkte $A\,B\ldots$ ihre „reduzierten Geschwindigkeiten", mit deren Ermittlung wir uns in diesem Abschnitte befassen wollen. Die wirklichen Geschwindigkeiten werden aus diesen durch Multiplikation mit ω gewonnen. Die Länge f der reduzierten Schiebungsgeschwindigkeit ist der Schraubenparameter a.

Die auf Strecken reduzierte Gleichung (4) lautet nun

$$\mathfrak{f}_P = \mathfrak{f} + \mathfrak{u} \times \mathfrak{p}, \qquad (5)$$

wo $\mathfrak{u}$ den Einheitsvektor in der Richtung $\mathfrak{w}$ bedeutet.

Der Absolutbetrag des zweiten Summanden ist ersichtlich gleich der Länge des Lotes von P auf die Schraubenachse. Dieses Lot wird als statisches Moment erhalten, indem nach (Ziff. 2) die im Längenmaßstabe der Zeichnung entnommenen Komponenten des Momentenbildes mit der Abbildungskonstanten c multipliziert werden. Es ergibt sich also dann volle Übereinstimmung beider Beträge, wenn wir als Einheit des Vektors $\mathfrak{u}$ das Maß c wählen; die mit dieser Annahme konstruierte Bildlänge von $\mathfrak{u} \times \mathfrak{p}$ kann dann ohne Umrechnung mit der reduzierten Geschwindigkeit $\mathfrak{f} = \dfrac{\mathfrak{v}}{\omega}$ zusammengesetzt werden. Der

---

[1]) In W. Hartmanns „Die Maschinengetriebe" (Stuttgart: Deutsche Verlagsanstalt. 1913) steht auf S. 441 die unrichtige Bemerkung, daß die Bewegung eines räumlichen Systems bestimmt ist, wenn von drei Punkten die Richtungen und von zweien die Größen ihrer Geschwindigkeiten gegeben sind.

richtige Endpunkt u des Einheitsvektors $\mathfrak{u}$ ergibt sich, indem man (Abb.10) den Vektor $\mathfrak{w}$ in die Bildebene umlegt nach $[\omega]$; der Schnitt von $[\omega]$ mit dem Abbildungskreise liefert die Umlegung $[u]$ des gesuchten Punktes u, sein Grundriß u' ist der Fußpunkt des Lotes von $[u]$ auf $O'\omega'$.

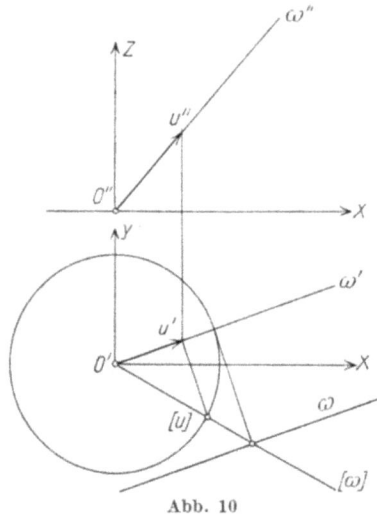

Abb. 10

In der Gleichung (5) bedeutet $\mathfrak{u} \times \mathfrak{p} = (-\mathfrak{p}) \times \mathfrak{u}$ das Moment des in der Schraubenachse liegenden Einheitsvektors $\mathfrak{u}$ um den Punkt P, das nach den Ausführungen in (Ziff. 2) zu zeichnen ist. Die Konstruktion von $\mathfrak{f}_P$ aus den Bildern von $\mathfrak{f}$ und $\mathfrak{u}$, die in die gleiche Gerade fallen, und aus g_ω zeigt die Abb. 11. Darin bedeutet $O'(p)$ die Bildlänge des Vektors $\mathfrak{u} \times \mathfrak{p}$, g_P den Spurpunkt der durch P zu $\mathfrak{w}$ gezogenen Parallelen; das Bild von $\mathfrak{f}_P$ geht als geometrische Summe von $\mathfrak{f}$ und $\mathfrak{u} \times \mathfrak{p}$ durch den Schnittpunkt der entsprechenden Bilder, wobei jenes von $\mathfrak{u} \times \mathfrak{p}$ senkrecht

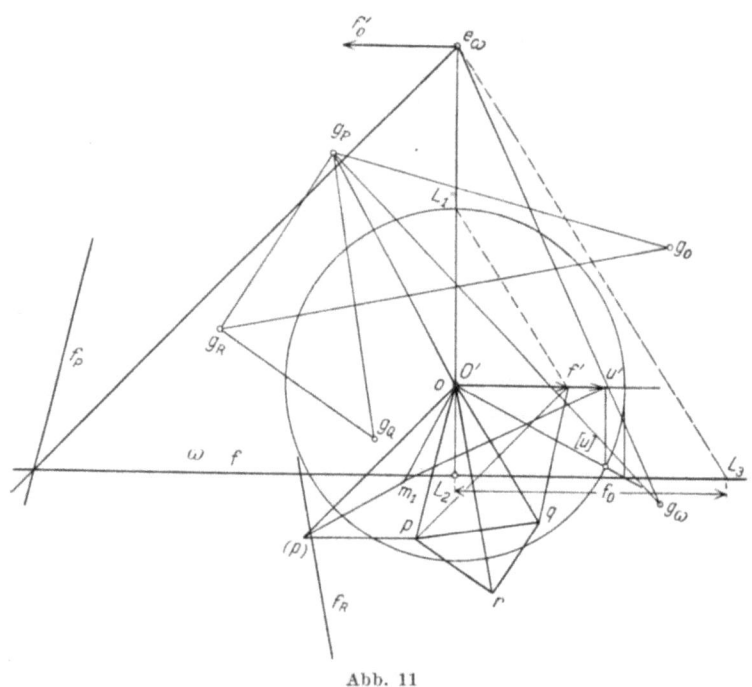

Abb. 11

steht auf $g_P g_\omega$ und den Antipol e_ω von ω enthält. Die Strecke $\overline{O'p}$ stellt dann die Länge des Bildes von $\mathfrak{f}_P$ dar; wir nennen den Punkt p den zu P gehörigen Geschwindigkeitspunkt. Man ersieht, daß alle Punkte des Körpers, die zu dem gleichen Spurpunkte g_P führen, gleiche Geschwindigkeiten besitzen; es sind dies alle Punkte, die auf der durch g_P zu $\mathfrak{w}$ gezogenen Parallelen liegen.

11. Geschwindigkeitsplan.

Bei der Konstruktion der reduzierten Geschwindigkeiten weiterer Punkte $Q, R \ldots$, zu denen von g_ω die Ortsvektoren $\mathfrak{q}, \mathfrak{r} \ldots$ führen, leistet ein Ähnlichkeitssatz wertvolle Dienste, den wir nun ableiten wollen.

Es ist nach Gleichung (5) $\quad \mathfrak{f}_Q = \mathfrak{f} + \mathfrak{u} \times \mathfrak{q}$,
$$\mathfrak{f}_R = \mathfrak{f} + \mathfrak{u} \times \mathfrak{r},$$
somit $\quad\quad\quad\quad\quad\quad\quad \mathfrak{f}_Q = \mathfrak{f}_P + \mathfrak{u} \times (\mathfrak{q} - \mathfrak{p})$,
$$\mathfrak{f}_R = \mathfrak{f}_P + \mathfrak{u} \times (\mathfrak{r} - \mathfrak{p}).$$

Der Vektor $\mathfrak{u} \times (\mathfrak{q} - \mathfrak{p})$ stellt die reduzierte Geschwindigkeit $\mathfrak{f}_{QP}$ der relativen Bewegung von Q gegen P dar, das ihr entsprechende Bild muß als statisches Moment durch den Antipol e_ω von ω gehen und senkrecht stehen zur Spur $g_Q g_P$. Die Verbindungslinie der Geschwindigkeitspunkte p und q ist parallel zum Bilde von $\mathfrak{v}_{QP}$, sie steht demnach senkrecht auf $g_P g_Q$. Für den Punkt R gilt aus dem gleichen Grunde:

$$pr \perp g_P g_R$$
$$qr \perp g_Q g_R.$$

Daraus folgt aber, daß $\triangle\, p\, q\, r \infty \triangle\, g_P g_Q g_R$, denn die Seiten beider Dreiecke stehen wechselweise aufeinander senkrecht.

Mithin gilt der Satz:

XIII. Die Figur der Geschwindigkeitspunkte $p, q, r \ldots$ (Geschwindigkeitsplan) ist ähnlich zu der den Systempunkten $P, Q, R \ldots$ entsprechenden Figur der Spurpunkte $g_P g_Q g_R \ldots$ und gegenüber dieser um $90°$ gedreht.

Zur Figur der Geschwindigkeitspunkte gehört auch der Punkt f'; ihm entsprechen alle Systempunkte mit der reinen Schiebungsgeschwindigkeit $\mathfrak{v}$, das heißt die Punkte auf der durch g_ω gehenden Schraubenachse. Die Geschwindigkeit eines Punktes Q ist nun aus jener des Punktes P leicht zu zeichnen; man hat nur nötig, den Geschwindigkeitspunkt q als Schnitt der Geraden $pq \perp g_P g_Q$ und $f'q \perp g_\omega g_Q$ zu bestimmen. Das Bild f_Q läuft parallel zu $O'q$ durch den Schnittpunkt von ω mit der durch e_ω zu $g_\omega g_Q$ gezogenen Normalen. Die Figur der Geschwindigkeitspunkte stellt daher im Vereine mit dem Bilde von $\mathfrak{w}$ und dessen Antipole e_ω den Geschwindigkeitsplan der Schraubenbewegung dar, aus dem die Geschwindigkeit jedes Punktes entnommen werden kann.

Dem mit O' zusammenfallenden Geschwindigkeitspunkt o entspricht ein Spurpunkt g_o, der dadurch ausgezeichnet ist, daß auf der durch ihn zu $\mathfrak{w}$ gezogenen Parallelen jene Punkte liegen, deren Geschwindigkeiten parallel zur Z-Achse sind, denn ihre Bildlängen sind gleich Null. Es wird nämlich die Länge des durch e_ω zu legenden Bildes des Drehanteiles der Geschwindigkeit $f_o{'}$ parallel, gleich groß und entgegengesetzt gerichtet der Bildlänge der Schiebungsgeschwindigkeit $O'f'$, somit ergibt die Zusammensetzung mit letzterer ein Stäbepaar vom Momente $\overline{O'f'} \cdot l$, wenn $l = \overline{e_\omega L_2}$ das Lot von e_ω auf ω bedeutet. Es beträgt daher die reduzierte Geschwindigkeit dieser Punkte $f_o = \dfrac{\overline{O'f'} \cdot l}{c}$.

Zieht man zu $f'L_1$ eine Parallele durch e_ω bis zum Schnitte L_3 mit ω, dann ist $f_o = \overline{L_2 L_3}$.

12. Geschwindigkeitszustand einer Geraden.

Sei die Gerade durch die Punkte P, Q gegeben, so besteht gemäß Gleichung (4) zwischen den Geschwindigkeiten dieser Punkte die Beziehung:

$$\mathfrak{v}_Q = \mathfrak{v}_P + \mathfrak{w} \times (\mathfrak{q}-\mathfrak{p}).$$

Die skalare Multiplikation mit $\mathfrak{q}-\mathfrak{p}$ liefert

$$\mathfrak{v}_Q \cdot (\mathfrak{q}-\mathfrak{p}) = \mathfrak{v}_P \cdot (\mathfrak{q}-\mathfrak{p}).$$

Die beiden Gleichungen besagen folgendes:

XIV. Die Projektionen der Geschwindigkeiten aller Punkte einer Geraden auf diese selbst sind gleich groß. Die Endpunkte der in einem festen Punkt angesetzten Vektoren der Geschwindigkeiten liegen auf einer zur Schraubenachse senkrechten Geraden und bilden auf dieser eine zur Reihe der Systempunkte ähnliche Punktreihe[1]). Es folgt weiters:

Die Endpunkte der in den Punkten einer Geraden angesetzten Geschwindigkeiten bilden eine gerade Punktreihe, die mit jener der Systempunkte ähnlich ist[2]). Somit liegen alle Geschwindigkeiten der Punkte einer beliebig bewegten Geraden auf einem hyperbolischen Paraboloid.

13. Konstruktion der Elemente der Schraubung aus $\mathfrak{f}_P$ und $\mathfrak{w}$.

Man kennt die reduzierte Geschwindigkeit $\mathfrak{f}_P$ eines Punktes P und den Vektor $\mathfrak{u}$, also auch die Richtung der Schraubenachse; es soll deren Lage (das heißt der Punkt g_ω) und die Größe der reduzierten Schiebungsgeschwindigkeit $\mathfrak{f}$ ermittelt werden.

---

[1]) Mehmke, R.: Civilingenieur. 1883.
[2]) Burmester, L.: Civilingenieur. 1878.

Die Verbindungslinie des Schnittpunktes der Bilder ω und $\mathfrak{f}_P$ mit e_ω muß als Bild der relativen Geschwindigkeit von P gegen die Punkte der Schraubenachse parallel sein zu $p\mathfrak{f}'$; damit ist bereits der Punkt $\mathfrak{f}'$ und in $O'\mathfrak{f}'$ die reduzierte Schiebungsgeschwindigkeit bestimmt. Da in $p\mathfrak{f}'$ auch die Bildlänge des Vektors $\mathfrak{u} \times \mathfrak{p}$ erhalten wird, so hat man behufs Auffindung des Spurpunktes g_ω unmittelbar die Lösung der Aufgabe (c) in (Ziff. 8) zu verwenden.

14. Die Schraubenachse steht senkrecht auf der Bildebene.

Dann ergibt sich eine sehr einfache Beschreibung des Geschwindigkeitszustandes, denn es gilt nun der Satz:

XV. Das Bild der reduzierten Geschwindigkeit eines beliebigen Punktes P ist die Antipolare des Grundrisses P' in Bezug auf einen um O' mit dem Halbmesser $c_1 = \sqrt{c \cdot f}$ geschlagenen Kreis; die Bildlänge $\overline{O'p}$ stimmt mit $\overline{O'P'}$ überein.

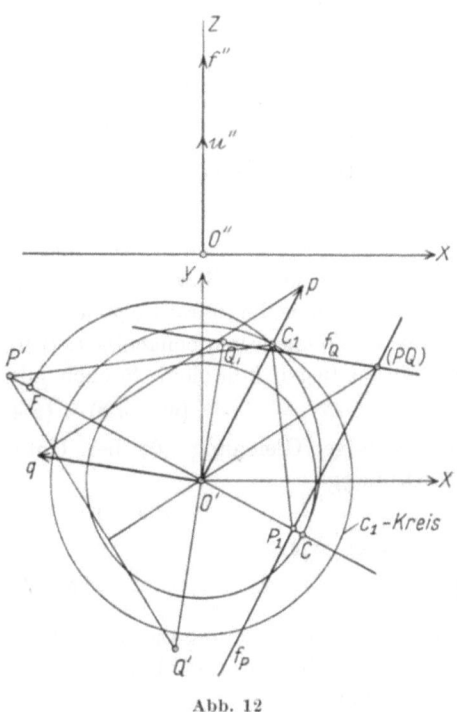

Abb. 12

Beweis: Die zur Schraubenachse senkrechte Komponente der reduzierten Geschwindigkeit $\mathfrak{f}_P$ des Punktes P (Abb. 12) ist in diesem Falle parallel zur Bildebene, ihr Bild geht also durch O' und ist senkrecht zu $O'P'$; die Bildlänge $O'p$ muß gleich sein $O'P'$. Zu dieser Komponente tritt nun die reduzierte Schiebungsgeschwindigkeit $\mathfrak{f}$, die senkrecht steht auf der Bildebene. Es entspricht ihr daher ein Nullstab in unendlicher Entfernung, also ein Stäbepaar vom Betrage $f \cdot c$, dessen Drehsinn durch $\mathfrak{f}$ gegeben ist. Das Hinzutreten dieses Momentes zum Bilde $O'p$ hat dessen Parallelverschiebung um das Maß $\overline{O'P_1} = \dfrac{f \cdot c}{\overline{O'p}} = \dfrac{f \cdot c}{\overline{O'P'}}$ zur Folge. Das Bild von $\mathfrak{f}_P$ geht demnach durch den Punkt P_1, für welchen $\overline{O'P_1} \cdot \overline{O'P'} = f \cdot c = c_1^2$ ist, und es steht senkrecht auf $O'P'$. Hiemit ist obiger Satz bestätigt.

Zur Ermittlung von c_1 wurde $\overline{O'F} = f$ gemacht und über FC ein Halbkreis geschlagen, der die Normale in O' zu FC in C_1 schneidet; dann ist $\overline{O'C_1} = c_1 = \sqrt{f \cdot c}$.

Der Ähnlichkeitssatz XIII ist hier mit der Vereinfachung zu übernehmen, daß die Figur der Spurpunkte $g_P\, g_Q \ldots$ zusammenfällt mit der Figur der Punkte $P'Q' \ldots$

Aus dem Bilde f_P kann man jenes der reduzierten Geschwindigkeit eines Punktes Q auch durch die Erwägung ableiten, daß der Schnittpunkt (PQ) der Bilder f_P und f_Q der Antipol von $P'Q'$ in Bezug auf den c_1-Kreis sein muß. Zieht man daher durch O' die Normale zu $P'Q'$, so schneidet sie das Bild f_P im Punkte (PQ), durch den das Bild f_Q senkrecht zu $O'Q'$ zu legen ist.

B. Beschleunigungszustand.

15. Schiebungs- und Winkelbeschleunigung.

Der Geschwindigkeitszustand sei durch die Schraubenachse und durch die in ihr liegenden Vektoren $\mathfrak{w}$ und $\mathfrak{v}$ gegeben, wobei wegen $\mathfrak{w} /\!/ \mathfrak{v}$:

(6) $$\mathfrak{w} \times \mathfrak{v} = O.$$

Es ist also die Bewegung während eines Zeitelementes bekannt und es soll jene im darauffolgenden Zeitteilchen festgelegt werden, für welche in die unendlich benachbarte Schraubenachse die Vektoren $\mathfrak{w} + d\mathfrak{w}$, $\mathfrak{v} + d\mathfrak{v}$ zu liegen kommen. Sonach gilt

$$(\mathfrak{w} + d\mathfrak{w}) \times (\mathfrak{v} + d\mathfrak{v}) = O$$

und zufolge Gleichung (6) bei Unterdrückung des kleinen Gliedes II. Ordnung

$$d\mathfrak{w} \times \mathfrak{v} + \mathfrak{w} \times d\mathfrak{v} = O.$$

Setzen wir

(7) $$\frac{d\mathfrak{v}}{dt} = \mathfrak{b}, \quad \frac{d\mathfrak{w}}{dt} = \mathfrak{l},$$

wobei $\mathfrak{b}$ die Beschleunigung der Schiebung, $\mathfrak{l}$ die Winkelbeschleunigung der Drehung bedeutet, so sind demnach diese Vektoren an den Zusammenhang gebunden:

(8) $$\mathfrak{w} \times \mathfrak{b} + \mathfrak{l} \times \mathfrak{v} = O.$$

Aus dieser Gleichung folgt:

XVI. a) Die in einem Punkt der Schraubenachse angesetzten Vektoren $\mathfrak{b}$ und $\mathfrak{l}$ liegen mit der Schraubenachse in einer Ebene $(\varLambda)$;

b) die zur Schraubenachse senkrechten Teile b_1 und l_1 der Vektoren $\mathfrak{b}$ und $\mathfrak{l}$ sind voneinander abhängig gemäß

$$\omega b_1 = v l_1;$$

c) die Vektoren $\mathfrak{b}\,\mathfrak{l}$ liegen auf derselben Seite des Vektors $\mathfrak{w}$, wenn $\mathfrak{w}$ und $\mathfrak{v}$ gleichsinnig gerichtet sind, auf verschiedenen Seiten von $\mathfrak{w}$, wenn $\mathfrak{w}$ und $\mathfrak{v}$ gegensinnige Richtungen haben.

Man erhält daher aus den Vektoren $\mathfrak{w}$, $\mathfrak{v}$ und $\mathfrak{l}$ die Komponente $\mathfrak{b}_1$ von $\mathfrak{b}$, indem man (Abb. 13) $\mathfrak{l}$ auf die im beliebigen Achspunkt C errichtete Normale $\mathfrak{n}$ der Schraubenachse projiziert und durch v die Parallele zu ωl_1 zieht bis zum Schnitte $\mathfrak{b}_1$ mit $\mathfrak{n}$.

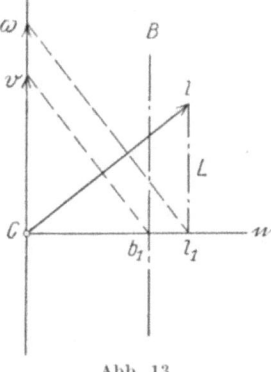

Abb. 13

Wir können den Satz aussprechen:

XVII. Die Spitzen der zum System $\mathfrak{w}\,\mathfrak{v}\,\mathfrak{l}$ bzw. $\mathfrak{w}\,\mathfrak{v}\,\mathfrak{b}$ gehörigen Beschleunigungsvektoren $\mathfrak{b}$ bzw. $\mathfrak{l}$ erfüllen je eine zur Achse parallele Gerade B bzw. L durch $\mathfrak{b}_1$ bzw. l_1.

16. Beschleunigung eines beliebigen Punktes, Beschleunigungspol.

Um die Beschleunigung $\mathfrak{b}_B$ eines beliebigen, außerhalb der Schraubenachse liegenden Punktes B zu erhalten, zu dem der Ortsvektor $\mathfrak{r}_B$ vom Aufpunkt O aus führt, während ein Punkt C der Achse durch $\mathfrak{r}_C$ gegeben sei, bilden wir die zeitliche Ableitung der Geschwindigkeit von B:

$$\mathfrak{v}_B = \frac{d\mathfrak{r}_B}{dt} = \mathfrak{v} + \mathfrak{w} \times (\mathfrak{r}_B - \mathfrak{r}_C). \tag{9}$$

Dies liefert:

$$\mathfrak{b}_B = \frac{d\mathfrak{v}_B}{dt} = \mathfrak{b} + \mathfrak{w} \times \left(\frac{d\mathfrak{r}_B}{dt} - \frac{d\mathfrak{r}_C}{dt}\right) + \mathfrak{l} \times (\mathfrak{r}_B - \mathfrak{r}_C).$$

Hierin bedeutet $\frac{d\mathfrak{r}_C}{dt} = \dot{\mathfrak{r}}_C$ die Änderung des Vektors $\mathfrak{r}_C$ im zweiten Zeitelemente, in welchem die Schraubenachse in die unendlich benachbarte Lage übergeht. Die ursprüngliche Schraubenachse gibt hiebei ihre Rolle als Achse an die benachbarte Achse ab und es stellt $\dot{\mathfrak{r}}_C$ die Geschwindigkeit dieses Rollentausches, die „Wechselgeschwindigkeit" von C dar, welche die Richtung einer Tangente an die feste Achsenfläche hat. Wir können nach Eintragen von $\mathfrak{v}_B$ schreiben

$$\mathfrak{b}_B = (\mathfrak{b} - \mathfrak{w} \times \dot{\mathfrak{r}}_C) + \mathfrak{w} \times \mathfrak{w} \times (\mathfrak{r}_B - \mathfrak{r}_C) + \mathfrak{l} \times (\mathfrak{r}_B - \mathfrak{r}_C). \tag{10}$$

Mit $\mathfrak{r}_B \equiv \mathfrak{r}_C$ ergibt sich hieraus die Beschleunigung des Achspunktes C zu:
$$\mathfrak{b}_C = \mathfrak{b} - \mathfrak{w} \times \dot{\mathfrak{r}}_C \tag{11}$$

und es wird daher schließlich

$$\mathfrak{b}_B = \mathfrak{b}_C + \mathfrak{w} \times \mathfrak{w} \times (\mathfrak{r}_B - \mathfrak{r}_C) + \mathfrak{l} \times (\mathfrak{r}_B - \mathfrak{r}_C). \tag{12}$$

Federhofer, Kinematik

Ebenso gilt für die Beschleunigung eines anderen Punktes D:
$$\mathfrak{b}_D = \mathfrak{b}_C + \mathfrak{w} \times \mathfrak{w} \times (\mathfrak{r}_D - \mathfrak{r}_C) + \mathfrak{l} \times (\mathfrak{r}_D - \mathfrak{r}_C)$$
und es besteht hienach zwischen den Beschleunigungen zweier Systempunkte die Beziehung:

(13) $\qquad \mathfrak{b}_D = \mathfrak{b}_B + \mathfrak{w} \times \mathfrak{w} \times (\mathfrak{r}_D - \mathfrak{r}_B) + \mathfrak{l} \times (\mathfrak{r}_D - \mathfrak{r}_B).$

Somit gilt der Satz:

XVIII. Der Beschleunigungszustand der momentanen Schraubenbewegung ist bei bekanntem Vektor der Winkelgeschwindigkeit festgelegt durch die Beschleunigung eines beliebigen Punktes und durch die Winkelbeschleunigung.

Es bedeutet $\mathfrak{w} \times \mathfrak{w} \times (\mathfrak{r}_D - \mathfrak{r}_B)$ die Zentripetalbeschleunigung des Punktes D bei der Drehung um die durch den Punkt B gelegte Drehachse $\mathfrak{w}$, während der Vektor $\mathfrak{l} \times (\mathfrak{r}_D - \mathfrak{r}_B)$ jenen Beschleunigungsanteil angibt, der von der im Punkte B angesetzten Winkelbeschleunigung $\mathfrak{l}$ herrührt. Beide Teile zusammen ergeben die Beschleunigung $\mathfrak{b}_{DB}$ der relativen Bewegung von D gegen B; der Abkürzung wegen wollen wir schreiben:

(14) $\qquad \begin{aligned} \mathfrak{b}_{DB,1} &= \mathfrak{w} \times \mathfrak{w} \times (\mathfrak{r}_D - \mathfrak{r}_B) \\ \mathfrak{b}_{DB,2} &= \mathfrak{l} \times (\mathfrak{r}_D - \mathfrak{r}_B) \\ \text{so daß } \mathfrak{b}_{DB} &= \mathfrak{b}_{DB,1} + \mathfrak{b}_{DB,2}. \end{aligned}$

Von dem besonderen Falle $\mathfrak{w}/\!/\mathfrak{l}$ abgesehen, gibt es einen einzigen Punkt, den Beschleunigungspol π, für den die Beschleunigung verschwindet; seine Kenntnis vereinfacht die Darstellung des Beschleunigungszustandes.

Sei $\mathfrak{r}_\pi$ der Ortsvektor von π bezüglich O, so folgt aus
$$\mathfrak{b}_\pi = 0 = \mathfrak{b}_C + \mathfrak{w} \times \mathfrak{w} \times (\mathfrak{r}_\pi - \mathfrak{r}_C) + \mathfrak{l} \times (\mathfrak{r}_\pi - \mathfrak{r}_C)$$
und im Vereine mit Gleichung (12)

(15) $\qquad \mathfrak{b}_B = \mathfrak{w} \times \mathfrak{w} \times (\mathfrak{r}_B - \mathfrak{r}_\pi) + \mathfrak{l} \times (\mathfrak{r}_B - \mathfrak{r}_\pi)$

Hienach verteilen sich die Beschleunigungen um den Pol π so, als wenn in diesem festgehalten gedachten Punkte die Vektoren $\mathfrak{w}$ und $\mathfrak{l}$ angebracht wären. Für das Folgende wollen wir die Winkelbeschleunigung $\mathfrak{l}$ als bekannt ansehen; ihre Ermittlung aus den äußeren Kräften, die an dem Körper angreifen und aus seinem Zentralellipsoid wird im Abschnitte IV gezeigt werden.

Um die Beschleunigungen als reine Strecken darzustellen, dividieren wir sie durch ω^2 und nennen die so erhaltenen gerichteten Strecken die „reduzierten Beschleunigungen". Wir setzen:
$$\mathfrak{h}_B = \frac{\mathfrak{b}_B}{\omega^2}, \quad \mathfrak{h}_D = \frac{\mathfrak{b}_D}{\omega^2}.$$

Hiemit gehen die Gleichungen (12) und (13) über in:

(16) $\qquad \begin{aligned} \mathfrak{h}_B &= \mathfrak{u} \times \mathfrak{u} \times (\mathfrak{r}_B - \mathfrak{r}_\pi) + \mathfrak{l}_r \times (\mathfrak{r}_B - \mathfrak{r}_\pi) \\ \mathfrak{h}_D &= \mathfrak{u} \times \mathfrak{u} \times (\mathfrak{r}_D - \mathfrak{r}_\pi) + \mathfrak{l}_r \times (\mathfrak{r}_D - \mathfrak{r}_\pi) \end{aligned}$

worin $\mathfrak{r}_B - \mathfrak{r}_\pi = \overrightarrow{\pi B}$, $\mathfrak{r}_D - \mathfrak{r}_\pi = \overrightarrow{\pi D}$ und $\mathfrak{l}_r = \frac{\mathfrak{l}}{\omega^2}$ den Vektor der „reduzierten Winkelbeschleunigung" bedeutet, dessen Betrag eine reine Zahl ist.

17. **Konstruktion von $\mathfrak{h}_B$ aus dem gegebenen Beschleunigungspole π und den Vektoren $\mathfrak{w}$ und $\mathfrak{l}$ (Abb. 14).**

Letztere stellen wir nach Ziff. 10 als Strecken mit den Längen $c\mathfrak{u}$ und $c\mathfrak{l}_r$ dar[1]); sie sollen in Bezug auf die durch O gelegte Bildebene zunächst

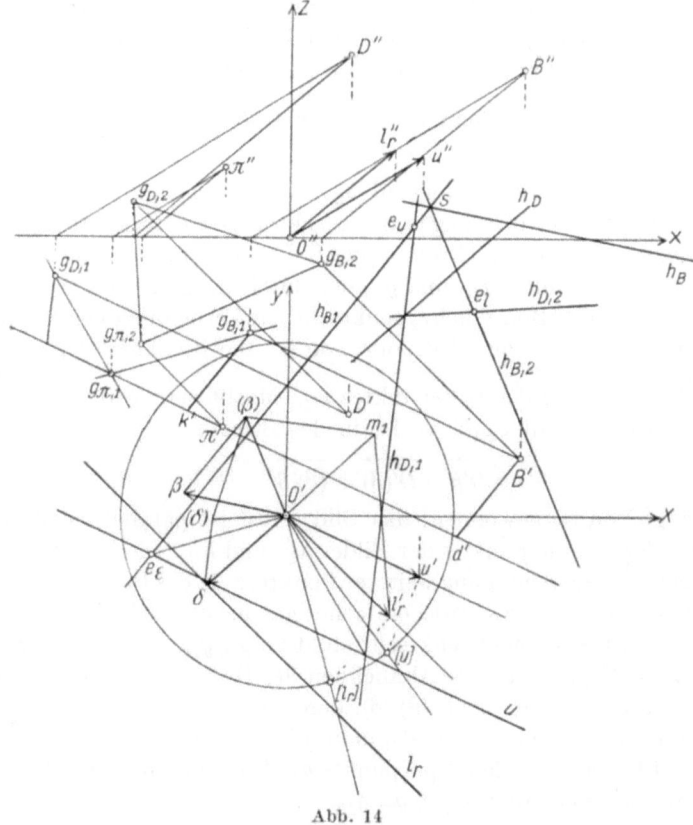

Abb. 14

ganz beliebige Lage haben. Schreiben wir die Gleichung (16) in der Form:
$$\mathfrak{h}_B = \mathfrak{h}_{B1} + \mathfrak{h}_{B2}$$
so bedeutet $\mathfrak{h}_{B1}$ die reduzierte Zentripetalbeschleunigung des Punktes B bei der Drehung um die durch den Beschleunigungspol π gelegte Dreh-

---

[1]) In den folgenden Abbildungen wurde $l_r = 1$ angenommen.

achse $\mathfrak{u}$; sie fällt in die Richtung der von B auf die Drehachse gefällten Senkrechten und hat die Länge $\mathfrak{h}_{B1} = \overrightarrow{Bd}$, wo d der Fußpunkt dieser Senkrechten auf der Drehachse ist. Um das Bild von $\mathfrak{h}_{B1}$ zu zeichnen, bedenken wir, daß das Lot Bd in einer durch die Punkte π und B gelegten Ebene $\varepsilon // \mathfrak{u}$ liegt, daß somit das Bild h_{B1} durch den Abbildungspunkt e_ε dieser Ebene gehen muß. Dieser ist aber als Schnitt der Bilder zweier in der Ebene gelegenen Geraden bestimmt; wählen wir hiefür außer der Geraden $\mathfrak{u}$ noch die Spur $g_{\pi 1} g_{B1}$ dieser Ebene, deren Bild parallel zu ihrer Spur durch O' läuft, so schneidet letzteres das Bild u im Abbildungspunkte e_ε. Das Bild h_{B1} geht nun durch e_ε, aber auch durch den Antipol e_u wegen $\mathfrak{h}_{B1} \perp \mathfrak{u}$. Die Länge des Bildes wird erhalten, indem man durch g_{B1} die Parallele zum Bilde h_{B1} zieht bis zum Schnitte k' mit der Geraden $g_{\pi 1}\pi'$, denn es ist $\overrightarrow{g_{B1}k'} \doteqdot \overrightarrow{B'd'}$. Die Bildlänge h_{B1} ist somit gleich $\overline{g_{B1}k'}$.

Der zweite Beschleunigungsteil $\mathfrak{h}_{B2}$ wird in bekannter Weise als statisches Moment des in π angesetzten Vektors der reduzierten Winkelbeschleunigung $\mathfrak{l}_r$ um den Drehpunkt B konstruiert. Bestimmt man zunächst die Spurpunkte g_{B2} und $g_{\pi 2}$ der durch B und π zu $\mathfrak{l}_r$ gezogenen Parallelen, so ist das Bild von $\mathfrak{h}_{B2}$ senkrecht zur Verbindung beider Spurpunkte und geht durch den Antipol e_l von l_r. Die Bildlänge $O'(\beta)$ ergibt sich durch Benützung des Hilfspunktes m_1. Macht man schließlich $\overrightarrow{(\beta)\beta}$ gleich und parallel mit $g_{B1}k'$, so ist in der Strecke

$$\overrightarrow{O'\beta} = \overrightarrow{O'(\beta)} + \overrightarrow{(\beta)\beta}$$

die Bildlänge von $\mathfrak{h}_B$ gewonnen; das Bild selbst ist parallel zu $O'\beta$ und geht durch den Schnittpunkt s der Bilder h_{B1} und h_{B2}. Die Konstruktion der reduzierten Beschleunigung weiterer Punkte, z. B. des Punktes D, kann nun mit Benutzung von h_B etwas einfacher geschehen. Bedenkt man, daß $O'(\delta)$ als statisches Moment senkrecht steht zu $g_{\pi 2} g_{D2}$ und ebenso $(\beta)(\delta)$ auf $g_{B2} g_{D2}$, so folgt daraus die Ähnlichkeit des Dreieckes der Spurpunkte $g_{\pi 2} g_{B2} g_{D2}$ mit dem Dreiecke $O'(\beta)(\delta)$, deren Seiten wechselweise aufeinander senkrecht stehen. Der Hilfspunkt (δ), welcher die Bildlänge h_{D2} abgrenzt, ist hienach aus dem Spurpunkte g_{D2} leicht zu finden im Schnitte von $(\beta)(\delta) \perp g_{B2}g_{D2}$ mit $O'(\delta) \perp g_{\pi 2}g_{D2}$.

Das Bild h_{D2} geht durch e_l parallel zu $O'(\delta)$. Die Konstruktion von h_{D1} bleibt unverändert.

Sehr einfach wird die Ermittlung der reduzierten Beschleunigung des Bezugspunktes O aus jener des beliebigen Punktes B, da für diesen Sonderfall die Spurpunkte g_{o1} und g_{o2} nach O' fallen. Man zieht $(\beta)(o) \perp$ $\perp g_{B2}O'$ und $(o)O' \perp g_{\pi 2}O'$, ihr Schnitt liefert (o). Bestimmt man nun den Schnittpunkt von u mit $g_{\pi 1} g_{o1}$ (also mit $g_{\pi 1}O'$) und verbindet ihn mit e_u, so hat man die Richtung von $(o)\,o$, und es ist die Bildlänge von $\mathfrak{h}_{o1}$ durch $O'k_o'$ gegeben. Das Bild von $\mathfrak{h}_o$ geht durch den Schnitt der Bilder von $\mathfrak{h}_{o1}$ und $\mathfrak{h}_{o2}$.

Sonderfälle:

a) Die Konstruktion vereinfacht sich, wenn der Drehvektor $\mathfrak{u}$ senkrecht steht auf der Bildebene. Dann fallen $g_{\pi 1}$ und d' nach π', g_{B1} nach B', daher ist die Bildlänge von $\mathfrak{h}_{B1}$ durch die Strecke $B'\pi'$ dargestellt und es geht das Bild selbst durch O', da $\mathfrak{h}_{B1}$ parallel zur Bildebene.

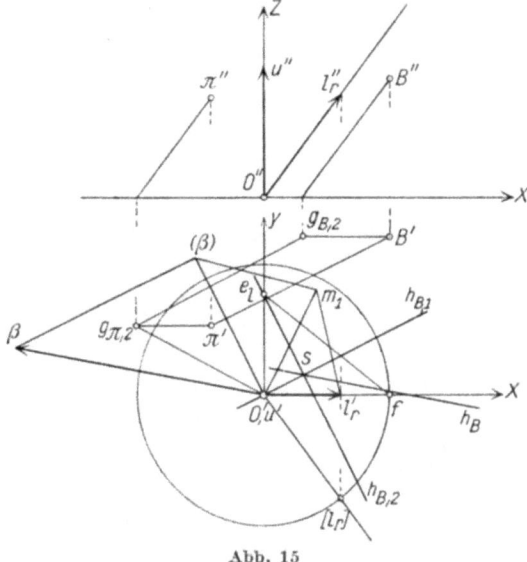

Abb. 15

b) Wird als Aufrißebene die Ebene $O\,\mathfrak{u}\,\mathfrak{l}_r$ gewählt, dann liegt der Antipol e_l auf der Y-Achse in ihrem Schnitte mit $fe_l \perp l_r''$. Diese Vereinfachungen sind in Abb. 15 dargestellt.

18. Konstruktion von $\mathfrak{h}_o$ aus dem Beschleunigungspole π und aus den Vektoren $\mathfrak{u}$ und $\mathfrak{l}_r$.

Die Abb. 16 zeigt die Anwendung des im vorhergehenden Abschnitte entwickelten Verfahrens zur Bestimmung reduzierter Beschleunigungen von beliebigen Systempunkten für den besonderen Fall des Bezugspunktes O.

Wir geben diese unmittelbare Konstruktion von $\mathfrak{h}_o$ (ohne den früher gewählten Umweg über $\mathfrak{h}_B$) hier an, weil sich aus ihr durch Umkehrung eine einfache Konstruktion des Beschleunigungspoles π entwickeln läßt.

Man zieht $g_{\pi 1}\,O'$ bis zum Schnitte e_ε mit dem Bilde u, verbindet diesen Schnittpunkt mit e_u; damit ist h_{o1} erhalten. Die Parallele hiezu durch O' schneidet $g_{\pi 1}\,\pi'$ in k' und es ist $O'k'$ die Bildlänge von h_{o1}. Ferner errichtet man in O' die Normale zu $g_{\pi 2}\,O'$ und schneidet sie mit der durch l_r' gezogenen Normalen zu $g_{\pi 2}\,e_l$ in (o). Damit ist die Bildlänge $O'(o)$ von h_{o2} erhalten, das Bild hievon geht durch e_l. Die Zusammensetzung beider Bilder liefert in $\overrightarrow{O'o}$ die reduzierte Beschleunigung von O, deren Bild durch s geht.

22 Die momentane Schraubenbewegung

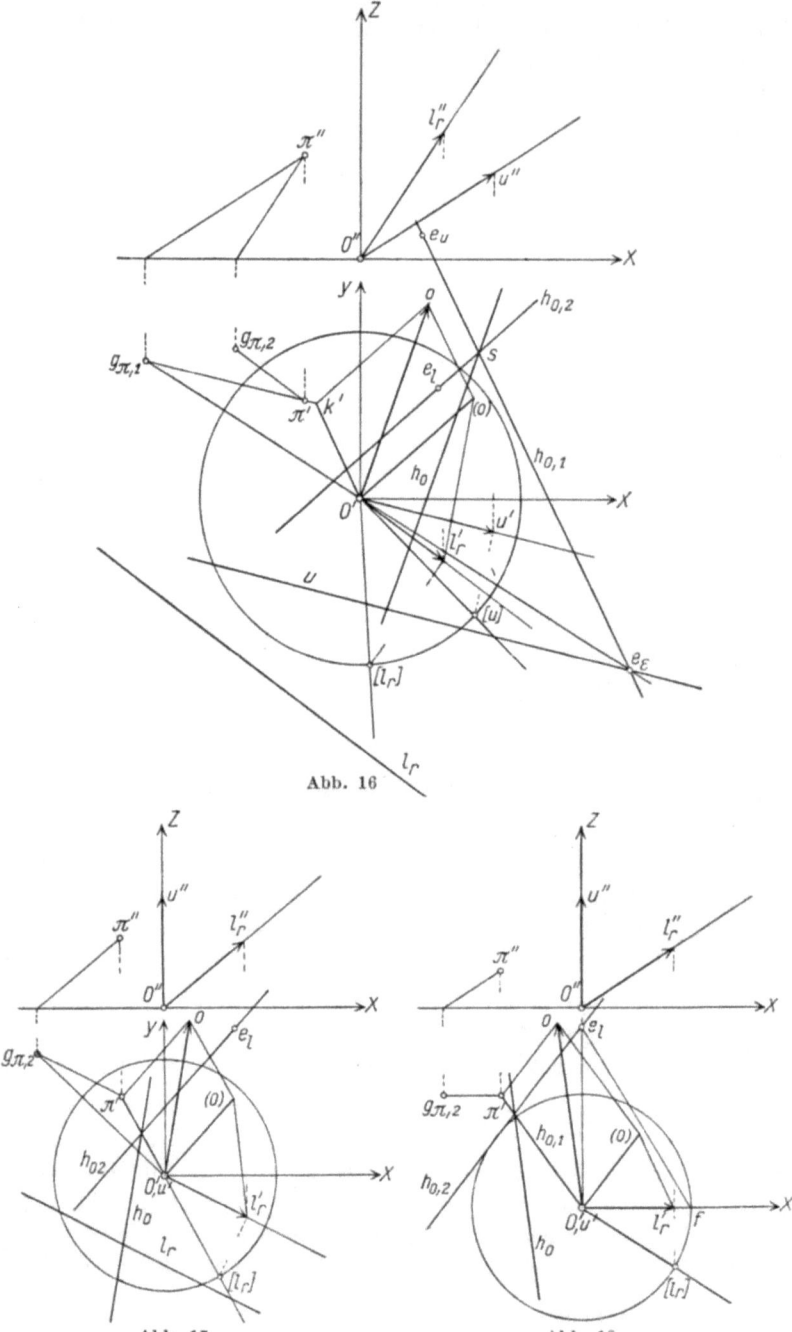

Abb. 16

Abb. 17 Abb. 18

Die Abb. 17 und 18 zeigen die besonderen Vereinfachungen, die sich mit den folgenden Annahmen ergeben:
  a) $\mathfrak{u} \perp$ Bildebene,
  b) $\mathfrak{u} \perp$ Bildebene und $\mathfrak{l}_r$ parallel zur Aufrißebene; sie bedürfen nach dem vorstehenden keiner Erläuterung.

19. Konstruktion des Beschleunigungspoles. Sonderfälle.

Gegeben seien die Vektoren $\mathfrak{u}$, $\mathfrak{l}_r$ sowie die reduzierte Beschleunigung eines Systempunktes, den wir mit dem Bezugspunkte O zusammenfallen lassen (Abb. 19).

Der Beschleunigungspol π wird durch Umkehrung der in Ziff. 18 beschriebenen Konstruktion auf rein linearem Wege gewonnen.

Da $\overrightarrow{Ok} = \mathfrak{h}_1$ und $\overrightarrow{kO} = \mathfrak{h}_2$ ist, wobei $\mathfrak{h}_1 \perp \mathfrak{u}$ und $\mathfrak{h}_2 \perp \mathfrak{l}_r$ ist, so muß der Punkt k jedenfalls im Schnitte der Normalebenen liegen, die durch O zu $\mathfrak{u}$ und durch o zu $\mathfrak{l}_r$ gelegt werden. Da diese Schnittgerade $\mathfrak{K}$ senkrecht steht auf $\mathfrak{u}$ und $\mathfrak{l}_r$, so ist ihr Bild K die Gerade $e_u \, e_l$, und ihr Grundriß K' ist durch einen Punkt k_1' parallel zu K zu legen, der einer willkürlichen Annahme s_1 von s auf h_O entspricht. Legt man zweckmäßig s_1 in den Schnitt von h_O mit dem Strahle $O'e_u$, dann liegt k_1' im Schnitte dieses Strahles mit der durch o zu $s_1 \, e_l$ gezogenen Parallelen.

Da $O'k'$ gleich und parallel mit $(o)\,o$ ist, so beschreibt auch der Punkt (o) eine zu K' parallele Punktreihe L, wenn s auf h_O wandert.

Der Ort für alle den Punkten k auf $\mathfrak{K}$ (das heißt k' auf K') entsprechenden Spurpunkte g_1[1]) ergibt sich als Spur G_1 der durch $\mathfrak{K}$ gelegten Parallelebene Γ_1 zu $\mathfrak{u}$. Der für diese Ebene charakteristische Bildpunkt liegt im Schnitte Γ_1 der Bilder K und u, und es liefert $\Gamma_1 O'$ das Bild der Spur, während G_1 selbst parallel hiezu durch k_1' geht, da k'_1 und der diesem Punkte entsprechende Spurpunkt bei der besonderen Lage von s_1 zusammenfallen; k_1' ist daher der Spurpunkt der Geraden $\mathfrak{K}$.

Um einen Ort für g_2 zu finden, konstruieren wir für einen beliebig auf L angenommenen Punkt (o) (wie aus Abb. 19a ersichtlich) den zugehörigen Punkt g_2 als Schnitt der Geraden $g_2 O' \perp O'(o)$ und $e_l g_2 \perp l_r'(o)$, es läßt sich zeigen, daß alle den Punkten (o) auf L entsprechenden Spurpunkte g_2 auf einer zu L senkrechten Geraden G_2 liegen müssen.

Zufolge Konstruktion ist $\Delta\,O'(o)\,l'_r \infty \Delta\,O'\,g_2\,e_l$; dreht man aber das Dreieck $O'(o)\,l'_r$ um $\dfrac{\pi}{2}$ in die Lage $O'p\,q$, so daß $O'\,l'_r$ in $O'p$

---
[1]) Wir schreiben hier der Kürze wegen $g_1 \, g_2$ anstatt $g_{\pi 1} \, g_{\pi 2}$, da andere Spurpunkte als die zu π gehörigen nicht verwendet werden.

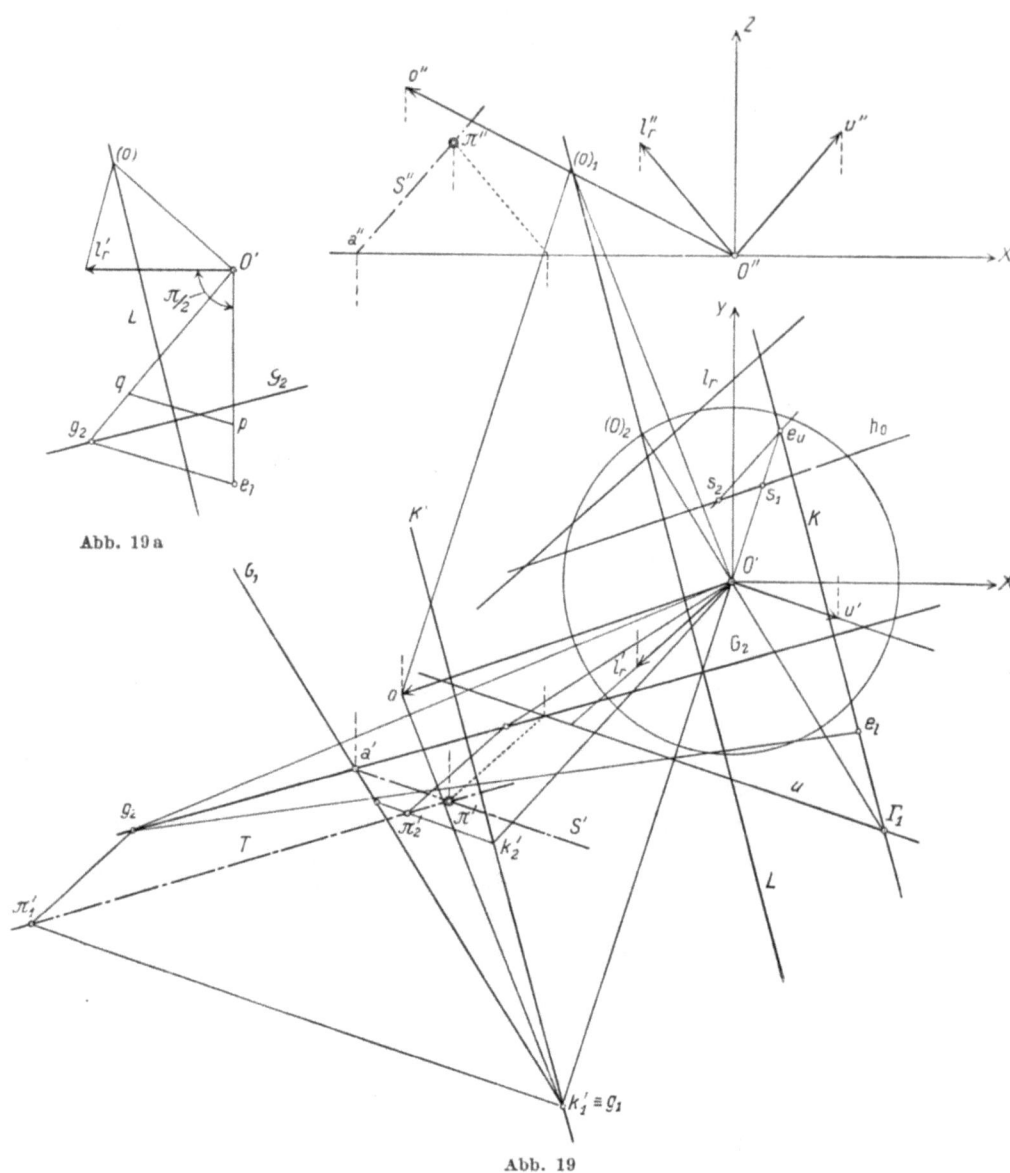

Abb. 19a

Abb. 19

zu liegen kommt, so beschreibt q bei veränderlichem (o) eine zu L senkrechte Gerade durch q, und es muß wegen der Ähnlichkeit der Dreiecke $O'pq$ und $O'e_l g_2$ auch g_2 eine zu L (und daher auch zu K') senkrechte Gerade beschreiben, die durch Konstruktion eines zu einem beliebigen Punkt (o) gehörigen Spurpunktes g_2 festgelegt ist.

Nun sind aber die Punkte k' auf K' und g_2 auf G_2 einander so zugeordnet, daß $o\,k' \perp O'\,g_2$ ist. Da die Träger K' und G_2 beider Punktreihen aufeinander senkrecht stehen, so sind letztere perspektiv und es ist das Erzeugnis der durch sie gelegten Parallelstrahlenbüschel mit den Richtungen u und l_r eine Gerade T, die durch die Punkte $\pi'_1 \pi'_2$, entsprechend den Punkten $k'_1 k'_2$ auf K' festgelegt wird. Hiemit ist ein Ort für den gesuchten Punkt π' gefunden.

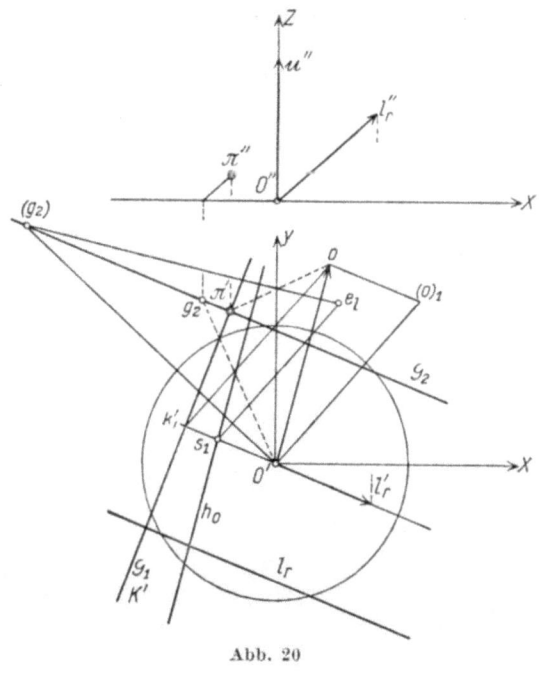

Abb. 20

Der Pol π ist aber auch der Schnitt der beiden Geraden, die durch $g_1 // u$ und $g_2 // l_r$ gelegt werden. Wird nun durch G_1 (als Ort aller g_1) eine Ebene parallel zu u gelegt (es ist die vorhin benötigte Hilfsebene durch $\mathfrak{K} // u$) und durch G_2 eine $\varGamma_2$ parallel l_r (die auch senkrecht steht auf $\mathfrak{K}$, weshalb sich $K' \perp G_2$ ergab), so liegt der Beschleunigungspol π auf der Schnittgeraden $\mathfrak{S}$ beider Ebenen, die nach vorstehendem parallel zu u laufen muß. Ihr Grundriß S' geht somit durch den Schnittpunkt a der Spuren $G_1 G_2$ parallel zu u.

Der Schnitt von S' und T liefert nun π' und es kann der Aufriß π'' entweder aus G_1 oder G_2 bestimmt werden oder auch aus dem Aufrisse S'' von $\mathfrak{S}$, womit mehrere Möglichkeiten für die Prüfung der Richtigkeit der Konstruktion gegeben sind.

Abb. 20 zeigt die vereinfachte Konstruktion von π, wenn die Richtung u der Drehachse senkrecht zur Bildebene ist.

Dem Punkte s_1 auf h_O entspricht der Punkt k'_1 auf $O's_1$, wobei $e_l s_1 // o\,k'_1$ ist. Der Ort der Punkte k ist die Gerade $K' \equiv \mathfrak{K}$ durch k_1' senkrecht zu l'_r. Die Gerade G_1 als Ort der Spurpunkte g_1 fällt mit K' zusammen. Macht man $O'(o)_1 \doteqdot k'_1 o$, bestimmt den zu $(o)_1$ gehörigen Spurpunkt (g_2) und zieht durch diesen die Normale zu K', so ist diese der Ort G_2 und es liegt π' mit Rücksicht auf die besondere Annahme von u im Schnitte von G_1 und G_2. Die Senkrechte durch O' zu $\pi' o$

schneidet G_2 im richtigen Spurpunkt g_2, womit auch der Aufriß von π bestimmt ist.

Eine weitere Vereinfachung ergibt sich, wenn schließlich die Ebene $O'u\,\mathfrak{l}_r$ parallel zur Aufrißebene gewählt wird (Abb. 21). Die Gerade K' (mit der wieder G_1 zusammenfällt) ist parallel zur Y-Achse und geht durch den Punkt k_1, wo $k_1\, o \parallel e_l\, s_1$. Der Antipol e_l fällt in die Y-Achse und ist durch $f e_l \perp l_r''$ bestimmt.

Die Gerade G_1 ist ein Ort für π'; die Parallele zu $l'_r\, e_l$ durch o_1 schneidet G_1 im gesuchten Punkt π'.

Um dies zu beweisen, beachte man, daß nach Früherem die Punkte (o) auf einer zu K' parallelen Geraden L liegen (Abb. 21a), die durch $(o)_1$ auf der X-Achse geht, wobei $O'(o)_1 = k_1\, o_1$. Konstruiert man zu einem willkürlichen Punkt (o) den zugehörigen Spur-

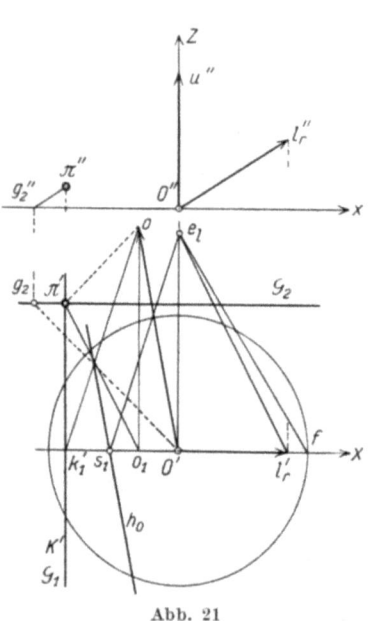

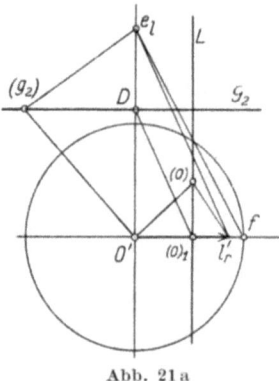

Abb. 21 Abb. 21a

punkt $\bar{g}_2$ als Schnitt der Geraden $e_l\,(g_2) \perp l_r'(o)$ und $O'(g_2) \perp O'(o)$, so ist $\triangle\, (g_2)\, e_l\, O' \infty\, (o)\, O'l_r'$. Den Punkten (o) auf der Geraden L entsprechen daher die Punkte der Geraden G_2, die senkrecht zu L steht. Nun ist für die besondere Lage $(o)_1$:

$$\overline{O'D} : \overline{O'e_l} = \overline{O\,(o)_1} : \overline{O'l_r'}$$

Hieraus folgt: $(o)_1\, D \parallel e_l\, l_r'$ und wegen $(o)_1\, O' = o_1\, k_1$:

$$o_1\, \pi' \parallel e_l\, l_r'.$$

Mit π' ist nun der endgültige Punkt g_2 auf G_2 zufolge $O'g_2 \perp o\,\pi'$ bestimmt und damit auch π'', da $g_2''\pi'' \parallel l_r''$ sein muß.

E. Stübler[1]) gibt eine andere Konstruktion für den Beschleunigungspol π aus $\mathfrak{b}_O$, $\mathfrak{w}$ und $\mathfrak{l}$ an, wobei die Grundrißebene senkrecht zu $\mathfrak{w}$, die

---

[1]) Jahresbericht d. Dtsch. Math.-Ver., 19, S. 179. 1910.

Aufrißebene senkrecht auf der zu $\mathfrak{w}$ senkrechten Komponente von $\mathfrak{l}$ gewählt wird. Bei der vorhin entwickelten rein linearen Konstruktion von π entfallen die bei Stübler nötigen Winkelübertragungen. Wird die Winkelbeschleunigung aus den äußeren Kräften und aus dem Zentralellipsoid des bewegten Körpers auf zeichnerischem Wege ermittelt, wobei zweckmäßig eine Hauptebene des Schwerpunktes zur Bildebene gemacht wird, dann haben die Vektoren $\mathfrak{w}$ und $\mathfrak{l}$ allgemeine Lagen, so daß bei Bestimmung von π auf die in Abb. 19 gegebene allgemeine Konstruktion zurückgegriffen werden muß.

20. Zuordnung der Beschleunigungspunkte und der Systempunkte.

Trägt man die Beschleunigungen der Systempunkte von einem beliebigen festen Punkt auf und nennt man die Endpunkte dieser Be-

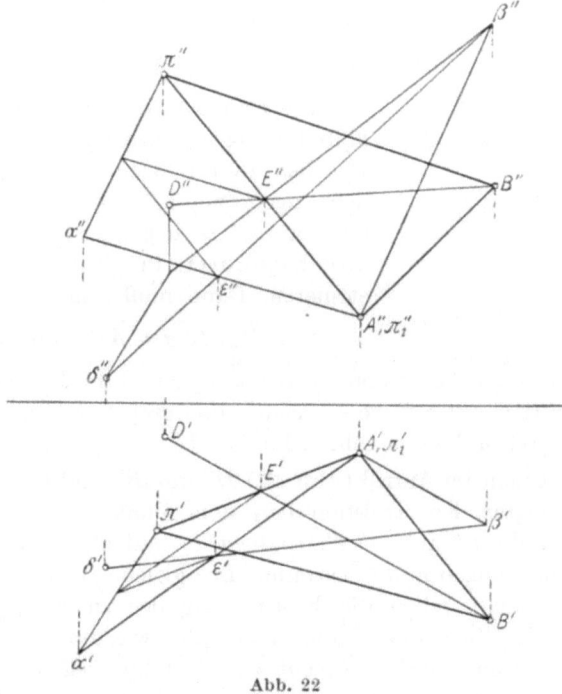

Abb. 22

schleunigungsvektoren die Beschleunigungspunkte, so bilden nach Gleichung (15) die Punkte des bewegten Systems und die zugehörigen Beschleunigungspunkte zwei affine Systeme. Die Affinität ist durch die Beschleunigungen von vier, nicht in einer Ebene liegenden Systempunkten festgelegt. Die Konstruktion der Beschleunigung eines fünften

Systempunktes erfolgt auf Grund dieser Zuordnung durch Anwendung der im folgenden beschriebenen Konstruktion für die zwei Sonderfälle:

α) Der neue Systempunkt liege mit drei bezüglich der Beschleunigungen bekannten Punkten in einer Ebene;

β) er liege mit zweien auf einer Geraden.

In Abb. 22 ist der erste Sonderfall behandelt, wobei die Beschleunigungen $\mathfrak{b}_A\,\mathfrak{b}_B$ der Systempunkte AB sowie der Beschleunigungspol π gegeben sind; es soll die Beschleunigung des Punktes D konstruiert werden, der in der Ebene $AB\pi$ liege. Die Beschleunigungen werden vom Punkte A aufgetragen, so daß

$$\mathfrak{b}_A = \overrightarrow{A\alpha}, \qquad \mathfrak{b}_B = \overrightarrow{A\beta}, \qquad \mathfrak{b}_\pi = \overrightarrow{A\pi_1} = 0.$$

Die Punkte $AB\pi$ und die zugehörigen Beschleunigungspunkte $\alpha\beta\pi_1$ bilden affine Systeme; π_1 fällt mit A zusammen.

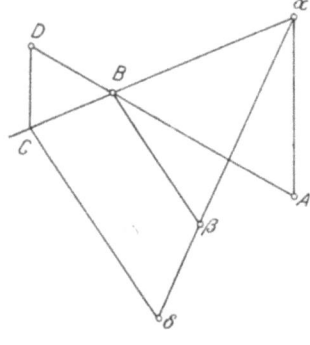

Abb. 23

Es ist der dem Systempunkte D zugehörige affine Punkt δ zu konstruieren. Dann ist $\mathfrak{b}_D = \overrightarrow{A\delta}$.

Die Konstruktion läuft auf die wiederholte Lösung der folgenden Aufgabe hinaus: Gegeben zwei Punkte AB (Abb. 23) mit den zugeordneten Punkten $\alpha\beta$. Es ist zu dem auf AB liegenden Punkte D der affin zugeordnete Punkt δ auf $\alpha\beta$ zu konstruieren. Dann muß sein:

$$\overline{DA} : \overline{\delta\alpha} = \overline{AB} : \overline{\alpha\beta}.$$

Zieht man daher die Gerade αB und durch D die Parallele zu $A\alpha$ bis zum Schnitt C mit αB, so schneidet die durch C gezogene Parallele zu $B\beta$ die Gerade $\alpha\beta$ im gesuchten Punkte δ.

Verbindet man im Aufriß (Abb. 22) D'' mit B'' und bestimmt nach der eben gezeigten Konstruktion den dem Punkt E'' (auf $A\pi$) zugeordneten Punkt ε'' auf $A''\alpha''$, so liegt δ'' auf $\beta''\varepsilon''$ und es ist δ'' durch die Zuordnung $BE, \beta\varepsilon$ bestimmt. Das gleiche gilt für den Grundriß δ'; hier genügt schon die Bestimmung des zu E' zugeordneten Punktes ε' (auf $A'\alpha'$), da δ' sowohl auf $\beta'\varepsilon'$ wie auf dem durch δ'' gelegten Projektionsstrahl senkrecht zur X-Achse liegen muß.

Nach der vorhin angegebenen Konstruktion für die Beschleunigung eines Systempunktes D, der mit den Punkten AB auf einer Geraden liegt, gilt der Satz:

XIX. Die Beschleunigungspunkte der Punkte einer Geraden liegen auf einer Geraden und bilden auf dieser eine zur Reihe der Systempunkte ähnliche Punktreihe[1]). Es folgt ferner: Die Endpunkte der in den Punkten einer Geraden angesetzten Beschleunigungen bilden eine gerade Punktreihe, die mit jener der Systempunkte ähnlich ist[2]).

Kennt man, um auf die ursprüngliche allgemeine Aufgabe zurückzukommen, die Beschleunigungen für die vier Eckpunkte eines Tetraeders, so wird die Beschleunigung eines beliebigen fünften Punktes P bestimmt, indem man zunächst die Beschleunigung jenes Hilfspunktes H konstruiert, in welchem die Linie PD die Tetraederfläche ABC schneidet (Sonderfall α) und sodann aus der Beschleunigung der beiden Punkte D und H jene des auf DH liegenden Punktes P aufsucht (Sonderfall β).

21. Beschleunigungszustand der Schraubenachse.

Fällt die Gerade AB in die Schraubenachse, dann besteht zwischen den Beschleunigungen $\mathfrak{b}_A$ und $\mathfrak{b}_B$ zufolge der Gleichung (13) und mit Rücksicht darauf, daß $\mathfrak{r}_B - \mathfrak{r}_A$ einen Vektor von der Richtung $\mathfrak{w}$ liefert, die Beziehung:

$$\mathfrak{b}_B = \mathfrak{b}_A + \mathfrak{l} \times (\mathfrak{r}_B - \mathfrak{r}_A) \qquad (17)$$

Die relative Beschleunigung $\mathfrak{b}_{BA}$ hat demnach die Richtung der Normalen zur Ebene Λ der Vektoren $\mathfrak{w}$ und $\mathfrak{l}$; es folgt daraus:

XX. Die Beschleunigungspunkte aller auf der Schraubenachse liegenden Systempunkte liegen auf einer zur Ebene der Vektoren $\mathfrak{w}$ und $\mathfrak{l}$ senkrechten Geraden.

Der Satz gilt auch für die Systempunkte, die auf einer Parallelen zur Schraubenachse liegen.

Bei bekanntem Vektor $\mathfrak{l}$ kann nach Gleichung (17) die Beschleunigung des Punktes B aus jener von A konstruiert werden, indem die relative Beschleunigung von B gegen A als statisches Moment des in A angesetzten Vektors $\mathfrak{l}$ um den Punkt B bestimmt wird.

Durch skalare Produktbildung der Gleichung (11) mit $\mathfrak{w}$ ergibt sich

$$\mathfrak{w} \cdot \mathfrak{b}_C = \mathfrak{w} \cdot \mathfrak{b}.$$

Diese Gleichung besagt:

XXI. Alle Systempunkte auf der Schraubenachse haben Beschleunigungen, deren Projektionen auf die Achse gleich groß sind, und zwar gleich der Komponente der Schiebungsbeschleunigung in der Achsrichtung.

22. Der Zentralpunkt A der Schraubenachse, Wechselgeschwindigkeit, Schiebungsbeschleunigung.

Der Zentralpunkt A der Schraubenachse ist der Fußpunkt ihres kürzesten Abstandes von der darauffolgenden Schraubenachse. Seine

---

[1]) R. Mehmke. Vgl. Fußnote S. 4.
[2]) L. Burmester. Vgl. Fußnote S. 4.

Die momentane Schraubenbewegung

Wechselgeschwindigkeit $\dot{\mathfrak{r}}_A$ fällt in das Lot der beiden unendlich benachbarten Achsen und steht senkrecht auf der Ebene Λ der Vektoren $\mathfrak{w}$, $\mathfrak{l}$ (Abb. 24). Die in A durch die Achse und den Vektor der Wechselgeschwindigkeit gelegte Ebene ist die Tangentialebene an die Achsenfläche im Punkte A.

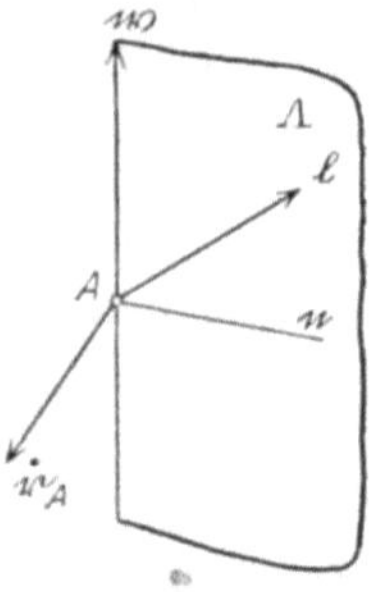

Die Beschleunigung $\mathfrak{b}_A$ des Zentralpunktes ergibt sich zufolge Gleichung (11) mit

(18) $$\mathfrak{b}_A = \mathfrak{b} - \mathfrak{w} \times \dot{\mathfrak{r}}_A.$$

Da die Schiebungsbeschleunigung $\mathfrak{b}$ in der Ebene Λ liegen muß (XVIa) und der Vektor $\mathfrak{w} \times \dot{\mathfrak{r}}_A$ normal zur Tangentialebene an die Achsenfläche im Punkte A steht, so liegt $\mathfrak{b}_A$ in der Ebene Λ, somit gilt der Satz:

Abb. 24

XXII. Die Beschleunigung des Zentralpunktes A der Schraubenachse liegt in der Ebene der in A angesetzten Vektoren $\mathfrak{w}$ $\mathfrak{l}$.

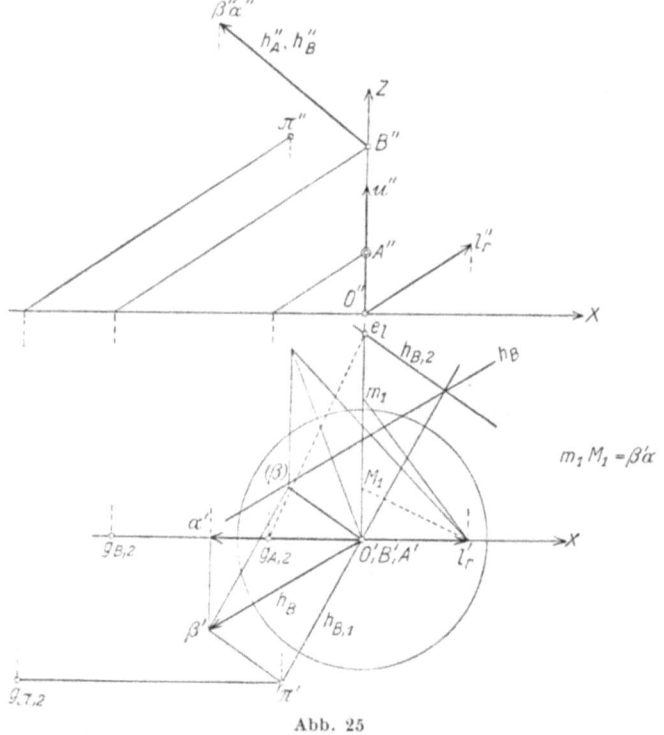

Abb. 25

Es sei der Geschwindigkeitszustand gegeben (Achse $\mathfrak{w}$ und $\mathfrak{v}$) sowie der Beschleunigungszustand durch den Pol π und $\mathfrak{l}$. Um aus diesen Angaben, welche den Bewegungszustand für zwei Zeitelemente festlegen, den Zentralpunkt A sowie $\dot{\mathfrak{r}}_A$ und $\mathfrak{b}_A$ zu erhalten, bestimmt man zunächst (Abb. 25) die Beschleunigung $\mathfrak{b}_B = \overrightarrow{B\beta}$ eines Punktes B der Schraubenachse. Nach dem Satze (XX) muß der Beschleunigungspunkt α des Zentralpunktes A auf der durch β gezogenen Normalen N zur Ebene $\varLambda$ gelegen sein; da $\mathfrak{b}_A$ in $\varLambda$ liegt, so fällt auch α in diese Ebene und es ist α bestimmt als Durchstoßpunkt von N mit $\varLambda$. Der Vektor $\overrightarrow{B\alpha}$ gibt die Beschleunigung des Zentralpunktes A an. Die Lage von A auf der Achse kann aus der relativen Beschleunigung von A gegen B erhalten werden, denn es ist

$$\mathfrak{b}_{AB} = \overrightarrow{\beta\alpha} = \mathfrak{l} \times (\mathfrak{r}_A - \mathfrak{r}_B) = (\mathfrak{r}_B - \mathfrak{r}_A) \times \mathfrak{l} = \overrightarrow{AB} \times \mathfrak{l}.$$

Wir haben also den Punkt A so zu bestimmen, daß der in B angesetzte Vektor $\mathfrak{l}$ um A das vorgegebene Moment $\overrightarrow{\beta\alpha}$ liefert (4. Aufgabe in Ziff. 8).

Aus $\mathfrak{b}_A$ und $\mathfrak{l}$ lassen sich nun die Vektoren $\mathfrak{b}$ und $\dot{\mathfrak{r}}_A$ sofort bestimmen. Man konstruiert (Abb. 26) aus $\mathfrak{w}$, $\mathfrak{v}$ und $\mathfrak{l}$ bzw. aus den ihnen entsprechenden reduzierten Strecken $\mathfrak{u}$, $\mathfrak{f}$, $\mathfrak{l}$ in der Ebene $\varLambda$ den Ort B für die Spitze des reduzierten Vektors $\mathfrak{h} = \dfrac{\mathfrak{b}}{\omega^2}$ und zieht durch den Endpunkt α des in A angebrachten Vektors $\mathfrak{h}_A = \dfrac{\mathfrak{b}_A}{\omega^2}$ die Normale zu $\mathfrak{w}$. Ihr Schnittpunkt (α) mit der Geraden B bestimmt die beiden Vektoren, in welche $\mathfrak{b}_A$ und daher auch $\mathfrak{h}_A$ gemäß Gleichung (18) aufzulösen ist.

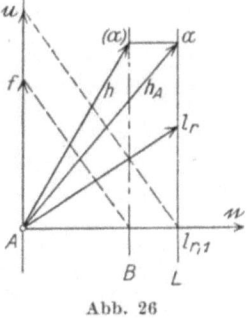

Es ist: $\overrightarrow{A(\alpha)} = \dfrac{\mathfrak{b}}{\omega^2}$

$\overrightarrow{\alpha(\alpha)} = \mathfrak{u} \times \left(\dfrac{\dot{\mathfrak{r}}_A}{\omega}\right).$

Die Wechselgeschwindigkeit $\dot{\mathfrak{r}}_A$ steht senkrecht auf der Ebene $\varLambda$; es ist daher durch die Länge $\alpha(\alpha)$ die reduzierte Wechselgeschwindigkeit und durch $A(\alpha)$ die reduzierte Beschleunigung $\dfrac{\mathfrak{b}}{\omega^2}$

Abb. 26.

gegeben, wenn anstatt mit $\mathfrak{w}$ und $\mathfrak{v}$ mit ihren reduzierten Längen $\mathfrak{u}$ und $\mathfrak{f}$ konstruiert wurde.

23. Die Wechselgeschwindigkeiten der Punkte der Schraubenachse.

Wir wollen nun die Wechselgeschwindigkeiten der Punkte der Schraubenachse ermitteln. Der Übergang der momentanen Schraubenachse in ihre unendlich benachbarte Lage erfolgt während des Zeitelementes dt durch eine elementare Drehung $d\varphi$ um die Richtungslinie des kürzesten Abstandes beider Achsen (die in den Vektor der Wechselgeschwindigkeit des Zentralpunktes A fällt), sowie durch eine gleichzeitige elementare Parallelverschiebung um $d\,\mathfrak{r}_A = \dot{\mathfrak{r}}_A\,dt$ (Abb. 27).

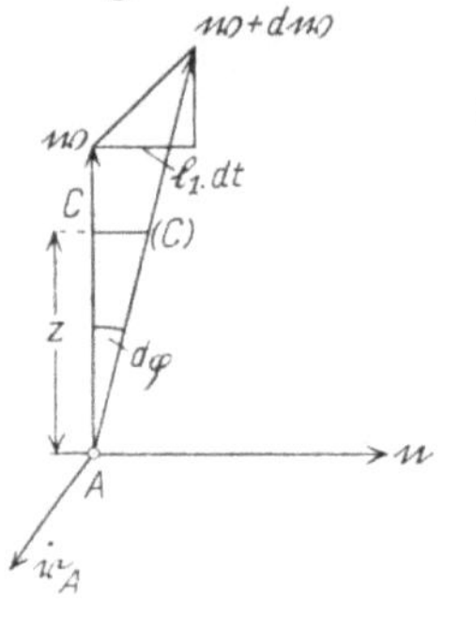

Die Winkelgeschwindigkeit der Drehung ergibt sich aus
$$\omega\,d\varphi = l_1\,dt$$
zu
$$\frac{d\varphi}{dt} = \frac{l_1}{\omega},$$
wobei der Drehsinn der Winkelgeschwindigkeit mit jenem von l_1 um A übereinstimmt.

Dem Punkte C der Achse in der Entfernung z von A entspricht auf der unendlich benachbarten Schraubenachse ein Punkt C_1, für welchen
$$\overrightarrow{CC_1} = d\mathfrak{r}_A + \mathfrak{n}\,(z\,d\varphi)$$

Abb. 27

mit $\mathfrak{n}$ als Einheitsvektor der Normalen an die Achsenfläche im Punkte A. Die Geschwindigkeit des Überganges von C nach C_1, das ist die Wechselgeschwindigkeit $\dot{\mathfrak{r}}_C$, ergibt sich nach Division durch dt zu

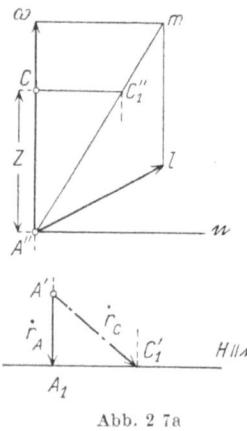

Abb. 27a

(19) $$\dot{\mathfrak{r}}_C = \dot{\mathfrak{r}}_A + \mathfrak{n}\left(z\,\frac{l_1}{\omega}\right).$$

Dieses Ergebnis besagt:

XXIII. Die Endpunkte der im Zentralpunkte angesetzten Wechselgeschwindigkeiten aller Punkte der Schraubenachse liegen auf einer Geraden, die durch den Endpunkt der Wechselgeschwindigkeit des Zentralpunktes A geht und parallel ist zur Normalen der Achsenfläche im Punkte A; $\dot{\mathfrak{r}}_A$ ist die kleinste aller Wechselgeschwindigkeiten.

Die Wechselgeschwindigkeit eines beliebigen Punktes C erhält man nach Gleichung (19) durch folgende Konstruktion (Abb. 27a):
$$l\,m\,/\!/\,\mathfrak{w},\quad \omega\,m\,/\!/\,\mathfrak{n},\quad CC''_1\,/\!/\,\mathfrak{n};$$
lotet man den Punkt C''_1 auf die Gerade $H\,/\!/\,\mathfrak{n}$ durch A_1, dann ist
$$\overrightarrow{AC'_1} = \dot{\mathfrak{r}}_C.$$

24. Die Bahnen der Systempunkte und ihre Krümmungsmittelpunkte.

Die Bewegungsverhältnisse des starren Körpers sind in einem Zeitelemente durch die Achse der Schraubung und durch $\mathfrak{w}$ und $\mathfrak{v}$ festgelegt; hiedurch ist der Geschwindigkeitszustand bestimmt.

Die Geschwindigkeit eines Systempunktes fällt in die Tangente seiner Bahn, somit sind die Bahntangenten aller Systempunkte bekannt.

Es folgt:

Das Bild der Bahntangente eines Systempunktes ist identisch mit dem Bilde der Geschwindigkeit dieses Punktes. Durch weitere Angabe des Beschleunigungspoles π und der Winkelbeschleunigung $\mathfrak{l}$ ist die Bewegung auch für das nächste Zeitelement bekannt, das heißt man kennt den Beschleunigungszustand. Die Beschleunigung eines Systempunktes liegt aber in der Schmiegungsebene seiner Bahn; letztere ist daher jene Ebene, die im Systempunkte durch die Vektoren seiner Geschwindigkeit und Beschleunigung gelegt wird. Somit gilt der Satz:

XXIV. Der für die Schmiegungsebene der Bahn eines Systempunktes maßgebende Bildpunkt ist der Schnittpunkt der Bilder seiner Geschwindigkeit und Beschleunigung. Da die Schmiegungsebene senkrecht steht auf der Binormalen der Bahnkurve, so ist der Bildpunkt der Schmiegungsebene der Antipol des Bildes der Binormalen bzw. es ist das Bild der Binormalen die Antipolare des Bildpunktes der Schmiegungsebene.

Die Zentripetalbeschleunigung eines beliebigen Punktes B fällt in die Normale der Bahnkurve dieses Punktes. Das Bild der Normalen wird dargestellt durch die Verbindungslinie des Antipoles der Geschwindigkeit $\mathfrak{v}_B$ und des Bildpunktes der Schmiegungsebene, in welcher die Normale liegt.

Wegen der Orthogonalität der Richtungen der Tangente t, der Hauptnormalen n_H und der Binormalen n_B bestehen zwischen deren Bildern folgende Zusammenhänge:

Der Schnittpunkt der Bilder $\begin{cases} t\, n_H \\ t\, n_B \\ n_H\, n_B \end{cases}$ ist der Antipol des Bildes $\begin{cases} n_B \\ n_H \\ t. \end{cases}$

Das Bild von $\begin{cases} n_B \\ n_H \\ t \end{cases}$ ist die Antipolare des Schnittpunktes der Bilder $\begin{cases} t\, n_H \\ t\, n_B \\ n_H n_B. \end{cases}$

Um den auf der Normalen liegenden Krümmungsmittelpunkt Ω der Bahn des Punktes B und damit den Krümmungshalbmesser $\varrho = \overline{B\Omega}$ zu erhalten, bestimmen wir die Komponente der Beschleunigung $\mathfrak{b}_B$ in der Richtung der Normalen, das ist die Zentripetalbeschleunigung $\mathfrak{b}_{B1} = \dfrac{v_B{}^2}{\varrho} = \overrightarrow{BN}.$

Zeichnen wir auf der Normalen den Gegenpunkt N_1 von N bezüglich B ein, indem $\overline{BN} = \overline{BN_1}$ gemacht wird, und ziehen im Endpunkte b_1 von $\mathfrak{v}_B$ die Normale zu $N_1 b_1$ in der Schmiegungsebene — ihr Bild muß durch den Antipol von $N_1 b$ und durch den Bildpunkt der Schmiegungsebene gehen —, so schneidet diese die Normale der Bahnkurve im Krümmungsmittelpunkte Ω.

Die hienach erforderliche räumliche Konstruktion ist mit Benutzung des Abbildungsverfahrens I in Abb. 28 ausgeführt. In dieser sind die Bilder v_B und b_B des Punktes B gegeben. Deren Schnittpunkt gibt den Bildpunkt σ_B der Schmiegungsebene. Die Verbindung e_t und e_n gibt das Bild der Binormalen n_B. Zieht man durch den Endpunkt β_1' der Beschleunigung b_B' einen Strahl parallel zu v_B und schneidet ihn mit

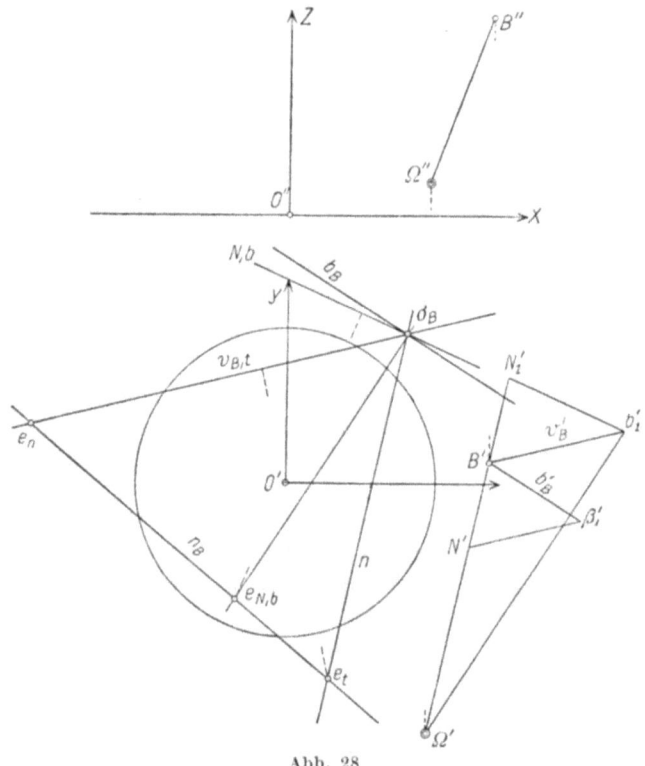

Abb. 28

der durch B' gezogenen Parallelen zu $e_t \sigma_B$, so gewinnt man den Punkt N'; man macht nun $\overline{B'N'} = \overline{B'N_1'}$ auf der Normalen in B, findet den Antipol e_{N1b} von $N_1 b_1$ im Schnitte der Normalen zu $N_1' b_1'$ mit n_B und zieht zu $e_{N1b} \sigma_B$ die Parallele durch b_1'; sie schneidet die Gerade $B'N'$ im Krümmungsmittelpunkt Ω'. Da das Bild von $B\Omega$ mit n zusammenfällt, so ist auch der Aufriß Ω'' bestimmt.

25. Beschränkungen bei Annahme der Geschwindigkeiten und Beschleunigungen.

Der Geschwindigkeitszustand wie auch der Beschleunigungszustand des freien starren Körpers bedarf zu seiner Festlegung der Angabe von 6 Koordinaten; somit können zur Kennzeichnung der Bewegungsverhältnisse für zwei Zeitteilchen 12 Koordinaten gewählt werden. Jedoch darf hiebei nicht ganz willkürlich vorgegangen werden.

Wird die Geschwindigkeit eines Punktes der Größe und Richtung nach angenommen, so ist die Wahl der Geschwindigkeit eines anderen Systempunktes dadurch beschränkt, daß die relative Geschwindigkeit zweier Punkte senkrecht stehen muß zur Verbindungslinie der beiden Punkte. Es kann daher von der Geschwindigkeit eines zweiten Systempunktes nur mehr deren Richtung oder Größe beliebig gewählt werden. Setzt man in einem beliebigen Systempunkt A den Vektor seiner gegebenen Geschwindigkeit an und legt durch den Geschwindigkeitspunkt a die Normalebene zu AB, so schneidet der durch A gelegte Parallelstrahl zur angenommenen Richtung der Geschwindigkeit des Punktes B diese Normalebene im Geschwindigkeitspunkte b und es ist dann $\overrightarrow{Ab} = \mathfrak{v}_B$. Für einen weiteren Punkt C erhält man in der Schnittlinie $\mathfrak{S}$ der beiden Normalebenen in a und b zu AC und BC einen geometrischen Ort für den Geschwindigkeitspunkt c, es kann also dann nur mehr über die Größe der Geschwindigkeit $\mathfrak{v}_C$ frei verfügt werden oder über deren Richtung, wobei aber letztere zur Ebene $A\mathfrak{S}$ parallel anzunehmen ist.

Weitere Einschränkungen in der Wahl der Geschwindigkeiten und Beschleunigungen ergeben sich dann, wenn der bewegte Körper nicht mehr frei ist, wenn also seine Bewegung gewissen Beschränkungen unterworfen ist. Von besonderem Interesse im Hinblick auf die technischen Anwendungen sind dabei jene, die zu einer zwangläufigen Bewegung des Körpers führen, wobei die Körperpunkte bestimmte Bahnen beschreiben müssen. Mit diesem Falle des räumlichen Zwanglaufes werden wir uns im Abschnitte III eingehender befassen.

Auch die Beschleunigungen zweier Systempunkte B und D eines freien Körpers dürfen nicht völlig willkürlich gewählt werden, wie die folgende Betrachtung zeigt.

Multiplizieren wir Gleichung (13) skalar mit dem Vektor $\mathfrak{r}_D - \mathfrak{r}_B$, so folgt zunächst

$$\mathfrak{b}_D \cdot (\mathfrak{r}_D - \mathfrak{r}_B) = \mathfrak{b}_B \cdot (\mathfrak{r}_D - \mathfrak{r}_B) + \{\mathfrak{w} \times \mathfrak{w} \times (\mathfrak{r}_D - \mathfrak{r}_B)\} \cdot (\mathfrak{r}_D - \mathfrak{r}_B).$$

Die relative Bewegung von D gegen B erfolgt mit einer Geschwindigkeit
$$\mathfrak{v}_{DB} = \mathfrak{w} \times (\mathfrak{r}_D - \mathfrak{r}_B);$$
hiemit läßt sich das letzte Glied obiger Gleichung durch Anwendung der Vertauschungsregel umformen in $-\mathfrak{v}^2{}_{DB}$.

Projizieren wir nun die Beschleunigungspunkte β und δ der im Punkte B angesetzten Vektoren $\mathfrak{b}_B$ und $\mathfrak{b}_D$ auf die Richtung BD, wodurch wir die Punkte β' δ' erhalten, so können wir für die Ausgangsgleichung auch schreiben

$$\overline{B\,\delta'} = \overline{B\,\beta'} - \frac{v^2{}_{DB}}{\overline{BD}}. \tag{20}$$

Da der absolute Wert des letzten Gliedes nur positiv sein kann, so besagt diese Gleichung, daß BD und $\beta'\delta'$ entgegengesetzte Richtungen haben und daß die Projektionen beider Beschleunigungen auf BD mit der relativen Geschwindigkeit der Punkte B und D in einem bestimmten durch Gleichung (20) gegebenen Zusammenhange stehen müssen.

26. Eigenschaften der Beschleunigungssysteme des starren Körpers.

Es seien die geometrischen Elemente einer Schraubenbewegung für zwei Zeitteilchen gegeben, und zwar die beiden aufeinanderfolgenden Schraubenachsen und ihre Parameter; kennt man ferner den Drehvektor $\mathfrak{w}$ im ersten Zeitelemente, so kann man nach den Eigenschaften der mit dieser Bewegung des starren Körpers verträglichen Beschleunigungssysteme fragen. Diese stehen miteinander in einem einfachen Zusammenhange, der durch den gegebenen Geschwindigkeitszustand bestimmt ist.

Nach Satz XVII müssen bei festen Werten $\mathfrak{w}$ und $\mathfrak{v}$ die Spitzen der Vektoren $\mathfrak{b}$ und $\mathfrak{l}$ auf Parallelen zur Schraubenachse liegen (Abb. 13).

Seien $\mathfrak{b}\,\mathfrak{l}$ und $\mathfrak{b}^1\,\mathfrak{l}^1$ zwei Paare von Beschleunigungsvektoren, die dem gleichen Geschwindigkeitszustande angehören, so gelten daher die Beziehungen:

(21) $$\mathfrak{l}^1 = \mathfrak{l} + \lambda\,\mathfrak{w},$$
(22) $$\mathfrak{b}^1 = \mathfrak{b} + \mu\,\mathfrak{w},$$

wo λ und μ skalare Größen bedeuten, die durch den Schraubenparameter α verknüpft sind.

Setzt man nämlich $\mathfrak{v} = \alpha\,\mathfrak{w}$,
so liefert die Ableitung nach der Zeit t:
$$\mathfrak{b} = \alpha\,\mathfrak{l} + \frac{d\alpha}{dt}\,\mathfrak{w}.$$

Da die Parameter der ersten und zweiten Schraubung zufolge unserer Voraussetzung festgehalten werden, so gilt auch
$$\mathfrak{b}^1 = \alpha\,\mathfrak{l}^1 + \frac{d\alpha}{dt}\,\mathfrak{w}$$
und es folgt daraus mit Rücksicht auf die obigen Gleichungen
$$\mu = \alpha\,\lambda.$$

Somit kann Gleichung (22) auch ersetzt werden durch
(23) $$\mathfrak{b}^1 = \mathfrak{b} + \lambda\,\mathfrak{v}.$$

Aus den Gleichungen (21) und (23) folgt, daß sich die Verbindungslinien der Endpunkte aller Vektorenpaare $\mathfrak{b}\,\mathfrak{l}$ in einem Punkte der Schraubenachse schneiden. Der Zusammenhang der Beschleunigungen eines beliebigen Punktes B, die den Wertepaaren $\mathfrak{b}\,\mathfrak{l}$ und $\mathfrak{b}^1\,\mathfrak{l}^1$ entsprechen, folgt aus Gleichung (10); trägt man nacheinander beide Paare ein, so ergibt sich zufolge Festhaltung von $\dot{\mathfrak{r}}_C$:

$$\mathfrak{b}^1{}_B = \mathfrak{b}_B + \lambda \{\mathfrak{v} + \mathfrak{w} \times (\mathfrak{r}_B - \mathfrak{r}_C)\}$$

und wegen Gleichung (9)

$$\mathfrak{b}^1{}_B = \mathfrak{b}_B + \lambda\, \mathfrak{v}_B. \tag{24}$$

Diese Gleichung besagt:

XXV. Für alle bei der gegebenen Schraubenbewegung möglichen Beschleunigungssysteme liegen die Endpunkte der Beschleunigungen der Systempunkte auf ähnlichen Punktreihen; die Träger dieser Reihen sind parallel zu den Bahntangenten der Systempunkte[1]).

III. Graphische Kinematik des zwangläufigen räumlichen Systems.

A. Arten des Zwanglaufes.

Bei Festlegung der elementaren Schraubung eines freien Körpers können nach Ziff. 9 sechs Koordinaten willkürlich gewählt werden, man sagt, der im Raume vollkommen freie Körper hat sechs Freiheitsgrade der Bewegung. In den Anwendungsgebieten der Technik, bei denen die räumliche Bewegung eine Rolle spielt, kommen indes fast ausschließlich die nicht-freien Bewegungen in Frage, deren Freiheitsgrad infolge der Beschränkungen oder Bedingungen, die der Beweglichkeit auferlegt werden, kleiner als 6 ist.

Diese Beschränkungen bestehen im wesentlichen darin, daß Punkte des Körpers genötigt werden, sich auf vorgeschriebenen Flächen oder Kurven zu bewegen oder daß der Körper während der Bewegung gegebene Flächen dauernd berühren soll. Die Berücksichtigung des Einflusses der Reibungswiderstände soll hier unterbleiben, wir wollen uns also diese Führungen, die sich in Ruhe befinden sollen, völlig glatt vorstellen.

Wenn sich ein Punkt des Körpers auf einer gegebenen Fläche bewegen oder wenn die Oberfläche des Körpers eine vorgeschriebene Fläche ständig berühren soll, so ist eine Verschiebung in der Richtung der Flächennormalen unmöglich; Schiebungen in der Tangentialebene der Flächen und Drehungen sind unbehindert. Durch diesen Zwang wird daher der Freiheitsgrad um 1 vermindert.

---

[1]) Die Ergebnisse in Ziff. 26 verdankt man mit etwas geänderter Herleitung E. Stübler (vgl. die Fußnote auf S. 26); mit deren Benutzung zeigt Stübler eine schöne Konstruktion der Krümmungsachse der Systempunkte und die Konstruktion der Wendekurve, des geometrischen Ortes der Punkte, die momentan Wendepunkte beschreiben (kubische Parabel).

Werden die gleichen Zwangsbedingungen mehreren Punkten des Körpers auferlegt, so tritt eine Verminderung des Freiheitsgrades um die Anzahl der geführten Punkte ein.

Um eine zwangläufige Bewegung zu erhalten, welcher der Freiheitsgrad 1 entspricht, so daß jeder Punkt eine ganz bestimmte Kurve beschreibt, hat man also fünf Punkte des Körpers in der angegebenen Art zu führen. Die zugehörige Elementarbewegung des Körpers ist eine Schraubung, deren Achse durch die gegebenen Normalen der voneinander unabhängigen Führungsflächen vollkommen bestimmt ist. Wichtiger und einer recht einfachen Konstruktion zugänglich, sind jene Fälle der Bewegungsbeschränkung, in denen einzelne Punkte des Körpers auf gegebenen Kurven geführt werden.

Eine Führungskurve kann als Schnitt zweier Flächen angesehen werden, es bedingt daher eine Kurvenführung die Verminderung des Freiheitsgrades der Bewegung um zwei Freiheiten. Die Bewegung eines Körpers, von welchem drei Punkte an gegebene Flächen gebunden sind, ein vierter an eine Kurve, erfolgt zwangläufig, wir wollen sie kurz Vierpunktführung nennen.

Werden zwei Punkte des Körpers in Kurven geführt, ein dritter auf einer Fläche, so gelangen wir wieder zu einer zwangläufigen Schraubenbewegung, die kurz als Dreipunktführung bezeichnet werden soll. Artet endlich der Körper in einen dünnen geraden Stab aus, dessen Enden in Raumkurven geführt werden, so sprechen wir von einer Zweipunktführung, wobei aber die Drehung des Stabes um seine Achse nicht berücksichtigt werden soll.

Die Untersuchungen dieses Abschnittes erstrecken sich auf die kinematischen Verhältnisse des räumlich bewegten starren Körpers bei den angegebenen Führungsarten.

B. Die räumliche Zweipunktführung.

27. Geschwindigkeitszustand.

Die Endpunkte AB eines Stabes von konstanter Länge sollen sich auf gegebenen Raumkurven bewegen; wir kennen die Bilder der Tangenten der beiden Kurven und die Geschwindigkeit v_A (Abb. 29). Man soll v_B und die Geschwindigkeit eines beliebigen Punktes P des Stabes konstruieren. Die Bewegung des Stabes während eines Zeitelementes ist offenbar eine Drehung um die Schnittlinie $\mathfrak{K}$ der beiden Normalebenen der Führungskurven in A und B[1]. Das Bild K der

---

[1] Wenn die Querschnittsabmessungen des Stabes klein sind gegenüber seiner Länge — was wir hier voraussetzen wollen —, kann die Drehung des Stabes um seine eigene Achse außer acht bleiben. Die Zweipunktführung des nicht stabförmigen Körpers besitzt aber zwei Freiheitsgrade der Bewegung, ist also nicht mehr zwangläufig.

Drehachse ist daher die Antipolare des Schnittpunktes der Bilder v_A und v_B (die mit jenen der Tangenten in A und B übereinstimmen) und dieser Schnittpunkt ist der Antipol e_K der Achse. Nun ist:

$$\mathfrak{v}_B = \mathfrak{v}_A + \mathfrak{v}_{BA}.$$

Die Geschwindigkeit $\mathfrak{v}_{BA}$ der relativen Bewegung von B gegen A ist, wenn $\mathfrak{w}$ den Drehvektor in $\mathfrak{K}$ angibt:

$$\mathfrak{v}_{BA} = \mathfrak{w} \times (\mathfrak{r}_B - \mathfrak{r}_A).$$

Somit geht das Bild v_{BA} durch die Antipole e_K und e_{AB}. Trägt man vom beliebigen Nullpunkt o aus (Abb. 29c in Tafel I) die gegebene Bildlänge von $\mathfrak{v}_A$ auf, zieht in dem so erhaltenen Geschwindigkeitspunkt a die Parallele zu $e_K e_{AB}$, so schneidet diese den durch o gezogenen Parallelstrahl zu v_B im Geschwindigkeitspunkte b, womit in $\overrightarrow{o\,b}$ die Bildlänge von $\mathfrak{v}_B$ bestimmt ist. Für einen beliebigen Punkt P des Stabes erhält man den Geschwindigkeitspunkt nach (XIV) aus der Ähnlichkeit der Reihe der Punkte $a\,p\,b$ oder der Punkte $a_1'\,p_1'\,b_1'$ mit der Punktreihe APB. Das Bild v_P geht durch e_K und ist parallel zu $o\,p$. Die kleinste Geschwindigkeit hat jener Punkt C des Stabes AB, der mit dem Fußpunkt des gemeinsamen Lotes d der Drehachse $\mathfrak{K}$ und der Geraden AB zusammenfällt. Das Bild des Lotes ist die Gerade $e_K e_{AB}$, ihr Antipol e_d muß auf K liegen. Die kleinste Geschwindigkeit steht senkrecht auf $\mathfrak{K}$ und d, somit ist ihr Bild durch $e_K e_d$ gegeben. Zieht man hiezu durch den Geschwindigkeitsnullpunkt o (Tafel I, c) die Parallele, so schneidet sie die Gerade $a\,b$ im Geschwindigkeitspunkte c, und es kann nun der dazugehörige Systempunkt C auf AB aus der Ähnlichkeit der Punktreihe acb mit ACB bestimmt werden und es muß $oc \# C'c_1'$ sein.

28. Beschleunigungszustand.

Außer dem Geschwindigkeitszustande sei bekannt die Beschleunigung $\mathfrak{b}_A$ des Punktes A und der Krümmungsmittelpunkt Ω_B der Führungskurve von B, der in der Normalebene zu $\mathfrak{v}_B$ durch B anzunehmen ist. Es ist die Beschleunigung des Punktes B und die Winkelbeschleunigung $\mathfrak{l}$ der Drehung des Stabes zu konstruieren (Abb. 29).

Nach den Ausführungen in Ziff. 16 ist

$$\mathfrak{b}_B = \mathfrak{b}_A + \mathfrak{b}_{BA} \qquad (25)$$

und

$$\mathfrak{b}_{BA} = \mathfrak{b}_{BA,1} + \mathfrak{b}_{BA,2}.$$

Der Beschleunigungsteil $\mathfrak{b}_{BA,1}$ hat als Normalbeschleunigung der relativen Drehung von B um die in A angesetzte Drehachse $\mathfrak{K}$, die mit der schon ermittelten Geschwindigkeit $\mathfrak{v}_{BA}$ erfolgt, die Größe

$$b_{BA,1} = \frac{v_{BA}{}^2}{\overline{BD}},$$

wenn $\overline{BD}$ den senkrechten Abstand des Punktes B von der durch A

gelegten Drehachse bedeutet; die Richtung dieser Beschleunigung stimmt mit $\overrightarrow{BD}$ überein. Da dieser Abstand senkrecht steht auf $\mathfrak{K}$ und auf $\mathfrak{v}_{BA}$, so ist dessen Bild BD durch die Gerade $e_K\,e_d$ gegeben und wir erhalten den Punkt D' im Schnitte der Parallelen durch A' zu K mit der Parallelen durch B' zu $e_K\,e_d$.

Tragen wir vom Punkte B die relative Geschwindigkeit $\mathfrak{v}_{BA}$ auf, so daß $\overrightarrow{BE} = \mathfrak{v}_{BA}$, und errichten in der Ebene DBE im Punkte E die Normale auf DE, so schneidet diese die Gerade DB in einem Punkte F, für welchen

$$\overline{BF} = \frac{\overline{BE^2}}{\overline{BD}} = \mathfrak{b}_{BA,1}.$$

Die Konstruktion des Bildes und der Bildlänge des ersten Beschleunigungsteiles gestaltet sich hienach ganz einfach: Man macht zunächst $\overrightarrow{B'E'} \nparallel \overrightarrow{a\,b}$ und zieht zu $D'E'$ die Parallele durch e_K, diese liefert das Bild von DE, denn die Gerade DE liegt mit den Geraden BD und BE in einer Ebene, deren charakteristischer Bildpunkt e_K ist. Bestimmt man weiters den Antipol e_{DE}, der auf K liegen muß, weshalb er im Schnitte der Normalen zu DE durch O mit K gefunden wird, und verbindet diesen mit e_K, so erhält man das Bild von EF und die Parallele hiezu durch E' führt zum gesuchten Punkt F'. Nun ist $B'F'$ die Bildlänge von $\mathfrak{b}_{BA,1}$, das Bild hievon ist die Gerade $e_K\,e_d$.

Vom Beschleunigungsteile $\mathfrak{b}_{BA,2}$ wissen wir vorläufig nur, daß er senkrecht zu AB stehen muß, sein Bild also den Punkt e_{AB} enthalten muß.

Wir können aber die zu suchende Beschleunigung $\mathfrak{b}_B$ auch zerlegen in ihre Normalbeschleunigung $\mathfrak{b}_{B,1} = \dfrac{v_B^2}{\overline{B\Omega_B}}$, die nach dem vorhin entwickelten Verfahren zu konstruieren ist, und in die Tangentialbeschleunigung $\mathfrak{b}_{B,2}$, von der das Bild bekannt ist, da sie mit dem Bilde der Tangente (das ist jenem von $\mathfrak{v}_B$) zusammenfallen muß.

Um $\mathfrak{b}_{B,1}$ zu konstruieren, zeichnen wir das Bild von $B\Omega_B$, indem wir durch den Schnittpunkt s der Bilder v_B und $B\Omega_B$ (letzteres muß durch den Antipol e_2 von v_B gehen, da $B\Omega_B \perp \mathfrak{v}_B$) die Parallele zu $b_1'\Omega_B'$ ziehen und bestimmen den Antipol $e_{B\Omega}$, dessen Verbindung mit s das Bild der zu $b_1\Omega_B$ normalen Geraden b_1G liefert. Die Parallele hiezu schneidet $B'\Omega_B'$ in G', wobei $B'G'$ die Bildlänge von $\mathfrak{b}_{B,1}$ mit der Richtung $\overrightarrow{G'B'}$ bestimmt. Das Bild dieser Normalbeschleunigung fällt mit jenem von $B\Omega_B$ zusammen.

Indem wir die bereits konstruierten Beschleunigungsteile und die gegebene Beschleunigung $\mathfrak{b}_A$ zu einem Vektor $\mathfrak{r}$ zusammenfassen, können wir für die Gleichung (25) schreiben

$$\mathfrak{r} = \mathfrak{b}_A + \mathfrak{b}_{BA,1} - \mathfrak{b}_{B,1} = \mathfrak{b}_{B,2} - \mathfrak{b}_{BA,2}.$$

Hat man mit Hilfe eines Kraft- und Seileckes Bildgröße und Bild von $\mathfrak{r}$ ermittelt (Pol des Krafteckes ist p, Abb. 29d), so ist die nach obiger Gleichung verlangte Zerlegung von $\mathfrak{r}$ leicht auszuführen, da das Bild von $\mathfrak{b}_{B,2}$ gegeben, jenes von $\mathfrak{b}_{BA,2}$ aber durch den Punkt e_{AB} gehen muß und alle drei Bilder sich in einem Punkt schneiden müssen. Aus dem Krafteck entnimmt man endlich durch Zusammenfassung von $b_{B,1}$ und $b_{B,2}$ (wobei auf den Richtungssinn von $b_{B,1}$ zu achten ist) die Bildlänge b_B (Abb. 29d und e).

Die vorhin angegebene Konstruktion der Normalbeschleunigung aus Geschwindigkeit und Krümmungshalbmesser liefert die Normalbeschleunigung in einem Maßstabe, der bereits durch den Längen- und Geschwindigkeitsmaßstab der Zeichnung gegeben ist. Ist der Längenmaßstab der Zeichnung: 1 cm Zeichnung $= \alpha$ met. Länge und der Geschwindigkeitsmaßstab: 1 cm Zeichnung $= \beta \dfrac{m}{sk}$ Geschwindigkeit, so ist der Maßstab für die Beschleunigungen:

$$1 \text{ cm Zeichnung} = \frac{\beta^2}{\alpha} \frac{m}{sek^2} \text{ Beschleunigung.}$$

Für einen beliebigen Punkt M des Stabes erhält man die Beschleunigung, indem man nach (XIX) auf der Geraden $\alpha\beta$ (Verbindung der Vektorspitzen von b_A und b_B) jenen Punkt μ sucht, für welchen die Reihe der Punkte $\alpha\mu\beta$ ähnlich ist jener der Systempunkte AMB. Die relativen Beschleunigungen aller Punkte des Stabes gegenüber der des Punktes A sind zueinander parallel, somit fällt das Bild b_{MA} mit b_{BA} zusammen und es muß das Bild b_M den Schnittpunkt h von b_A mit b_{BA} enthalten und parallel zu $M'\mu_1'$ sein.

Die Winkelbeschleunigung der Bewegung des Stabes AB ist bestimmt

aus $\qquad \mathfrak{b}_{BA,2} = \mathfrak{l} \times (\mathfrak{r}_B - \mathfrak{r}_A) = \mathfrak{l} \times \overrightarrow{AB}$

und aus der Bedingung, daß $\mathfrak{l}$ senkrecht steht zur Stabrichtung AB, denn die Rotation der Geraden um AB erteilt ihr keine Bewegung, so daß auch keine Winkelbeschleunigung um AB entstehen kann. Bezüglich der Konstruktion des Vektors $\mathfrak{l}$ kann auf Ziff. 8 verwiesen werden.

C. Die Dreipunktführung.

29. Einleitung.

Werden zwei Punkte A, B eines Körpers auf vorgeschriebenen Raumkurven geführt, ein dritter Punkt C auf einer beliebigen Fläche, so sind dieser Bewegung fünf Zwangsbedingungen auferlegt, sie besitzt demnach den Freiheitsgrad Eins und ist zwangläufig. Der Geschwindigkeitszustand ist eindeutig bestimmt, wenn noch die Größe der Geschwindigkeit eines Punktes, z. B. jene des Punktes A, gewählt wird, die in die Richtung der Tangente der Führungskurve von A fällt; bei Festlegung des Beschleunigungszustandes ist dann nur mehr eine Koordinate frei verfügbar, z. B. die Tangentialbeschleunigung $\mathfrak{b}_{A,2}$ des Punktes A.

30. Geschwindigkeitszustand.

Gegeben sind die Tangenten an die Führungen in A und B sowie die Normale der Führungsfläche im Punkte C; es ist aus der Geschwindigkeit des Punktes A jene von B und C zu konstruieren, ferner sind für die momentane Schraubenbewegung die Vektoren $\mathfrak{v}$, $\mathfrak{w}$ und die Lage der Schraubenachse zu ermitteln.

Die Bewegung der Strecke AB ist, da sie einer Zweipunktführung angehört, nach den Ausführungen in Ziff. 27 und 28 zu behandeln;

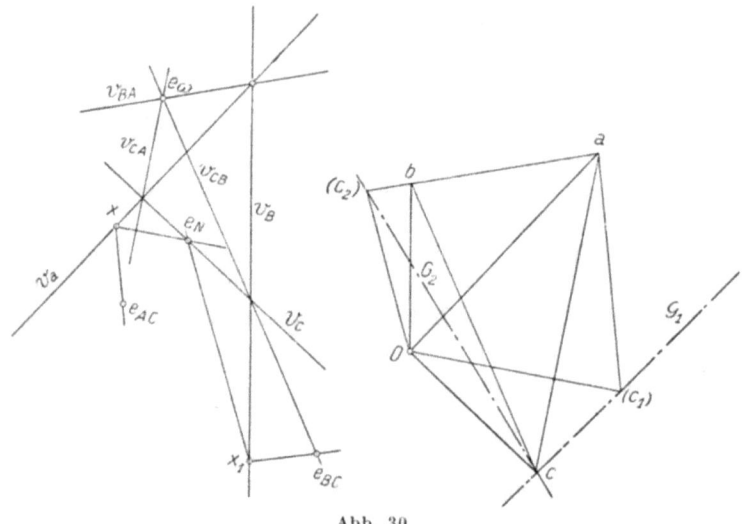

Abb. 30

es kann hienach der Geschwindigkeitsplan $o\,a\,b$ und das Bild von $\mathfrak{v}_B$ gezeichnet werden (Abb. 30). Die Geschwindigkeit $\mathfrak{v}_C$ ergibt sich aus folgender Betrachtung: Die relative Geschwindigkeit $\mathfrak{v}_{CA}$ steht senkrecht auf AC, ihr Bild muß demnach den Punkt e_{AC} enthalten. Die Geschwindigkeit $\mathfrak{v}_C$ muß in der Tangentialebene der Führungsfläche des Punktes C liegen, das Bild ist daher durch den Antipol e_N der in C errichteten Flächennormalen N zu legen.

Gemäß der Gleichung

$$\mathfrak{v}_C = \mathfrak{v}_A + \mathfrak{v}_{CA}$$

schneiden sich die Bilder dieser drei Geschwindigkeiten in einem Punkte.

Nimmt man zunächst auf dem bekannten Bilde v_A diesen Schnittpunkt x willkürlich an, zieht

$$o(c_1) // e_N x,$$
$$a(c_1) // e_{AC} x,$$

so schneiden sich diese Parallelen in (c_1); für alle möglichen Lagen von x auf v_A liegen die zugehörigen Geschwindigkeitspunkte (c) auf einer Geraden, die parallel läuft zur Geraden $e_N \, e_{AC}$; es entsprechen nämlich der Punktreihe x auf v_A die perspektiven Strahlenbüschel mit den Mittelpunkten e_{AC} und e_N; die diesen Büscheln entsprechenden Parallelstrahlenbüschel mit den Mittelpunkten o und a sind perspektiv, ihr Erzeugnis ist eine Gerade G_1 parallel zu $e_N \, e_{AC}$.

Ebenso erhält man aus v_B, e_{BC}, e_N und o durch die beschriebene Konstruktion zufolge

$$\mathfrak{v}_C = \mathfrak{v}_B + \mathfrak{v}_{CB}$$

eine Gerade G_2 als Ort für den Geschwindigkeitspunkt c, so daß nun der Punkt c durch den Schnitt von G_1 und G_2 bestimmt ist und damit auch das Bild und die Bildlänge von $\mathfrak{v}_C$.

Die Bilder der relativen Geschwindigkeiten $\mathfrak{v}_{CA}$, $\mathfrak{v}_{BA}$ und $\mathfrak{v}_{CB}$ müssen sich in einem Punkte schneiden, denn diese Geschwindigkeiten stehen senkrecht auf dem Drehvektor $\mathfrak{w}$.

Somit ist dieser gemeinsame Schnittpunkt der Antipol e_ω der Drehachse und es ergibt sich deren Bild als Antipolare des Punktes e_ω.

Verbindet man weiters den Schnittpunkt der Bilder v_A und ω mit dem Antipole e_ω, zieht hiezu die Parallele durch a, so schneidet diese die durch o zu ω gezogene Parallele in f' und es ist in $O'f'$ die Bildlänge der Schiebungsgeschwindigkeit $\mathfrak{v}$ gewonnen.

Nun sind mit dem Punkte f' auch die Bildlängen der Geschwindigkeiten der Drehbewegung von A, B, C um die Schraubenachse bestimmt, und zwar durch $f'a$, $f'b$, $f'c$; ihre Bilder gehen durch e_ω. Diese Geschwindigkeiten sind die statischen Momente des Vektors $\mathfrak{w}$ in der Drehachse um die Punkte A, B, C. Es liegt also bei Konstruktion von $\mathfrak{w}$ und g_ω die zweite Aufgabe in Ziff. 8 vor, deren Lösung in Abb. 7 gezeichnet worden ist.

Hiemit haben wir auch eine sehr einfache Konstruktion erhalten zur Ermittlung der Elemente der Schraubenbewegung ($\mathfrak{v}$, $\mathfrak{w}$, g_ω) aus den gegebenen Geschwindigkeiten dreier Punkte des starren Körpers, die nicht in einer Geraden liegen dürfen. Die Geschwindigkeiten weiterer Punkte des Körpers können nun aus einem nach Ziff. 11 zu entwerfenden Geschwindigkeitsplan entnommen werden.

31. Ermittlung der Schraubenachse.

Für die Zwecke einer späteren Anwendung erscheint es angebracht, im Anschlusse an die Darstellung des Geschwindigkeitszustandes der

44 Graphische Kinematik des zwangläufigen räumlichen Systems

Dreipunktführung hervorzuheben, daß Lage und Richtung der Schraubenachse unabhängig von der Größe der Geschwindigkeit

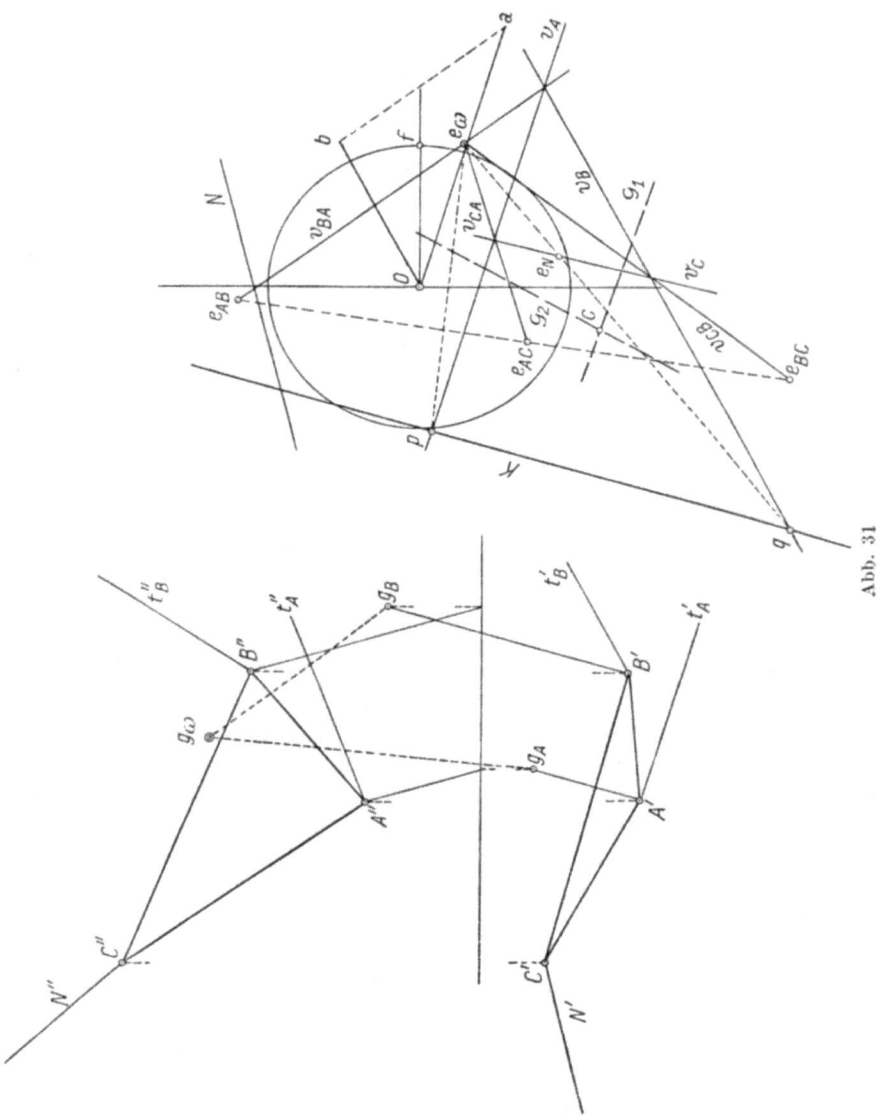

Abb. 31

des Punktes A sind und daher bereits durch die Führungstangenten in A und B sowie durch die Normale der Flächenführung in C vollkommen bestimmt sind. Läßt man nämlich den beliebig gewählten

Geschwindigkeitspunkt a im Geschwindigkeitsplan auf dem Strahle $o\,a$ wandern, so bewegt sich der Geschwindigkeitspunkt b mit den Hilfspunkten (c_1) und (c_2) auf den Strahlen $o\,b$, $o\,(c_1)$ und $o\,(c_2)$, und zwar so, daß sich das Polygon $a\,b\,(c_1)\,(c_2)$ ähnlich verändert bezüglich des Ähnlichkeitszentrums o; es bewegt sich daher der Geschwindigkeitspunkt c auf dem Strahle $o\,c$.

Durch eine willkürliche Annahme von a ist somit der Antipol e_ω bestimmt und mit diesem das Bild der Schraubenachse als Antipolare von e_ω bezüglich des Abbildungskreises. Um schließlich die Lage der Schraubenachse zu erhalten, das heißt ihren Spurpunkt g_ω, werden zunächst (Abb. 31) die Spurpunkte $g_A\,g_B$ der durch die Systempunkte $A\,B$ gelegten Parallelen zur Schraubenachse bestimmt.

Verbindet man ferner den Punkt e_ω mit den Schnittpunkten p, q des Bildes K der Schraubenachse und der Bilder v_A und v_B, so sind hiemit die Drehanteile der Geschwindigkeiten von A und B erhalten; der Schnittpunkt der Normalen durch g_A zu $e_\omega p$ und durch g_B zu $e_\omega q$ liefert den Spurpunkt g_ω der Schraubenachse.

32. Beschleunigungszustand.

Durch den eben ermittelten Geschwindigkeitszustand und die beliebig gewählte Tangentialbeschleunigung $\mathfrak{b}_{A,2}$ des Punktes A ist der Beschleunigungszustand der Dreipunktführung eindeutig bestimmt. Es sollen die Beschleunigungen der Punkte B, C sowie die Winkelbeschleunigung $\mathfrak{k}$ ermittelt werden.

Die Beschleunigung des Punktes B ist nach den Ausführungen über die Zweipunktführung aus jener des Punktes A zu konstruieren (Ziff. 28).

Zeichnen wir einen Beschleunigungsplan, indem vom beliebigen Nullpunkt p zunächst die Vektoren $\mathfrak{b}_A$ und $\mathfrak{b}_B$ aufgetragen werden, wodurch die Beschleunigungspunkte α, β bestimmt sind, so ergibt sich ein geometrischer Ort für den Beschleunigungspunkt γ von C daraus, daß
$$\mathfrak{b}_C = \mathfrak{b}_A + \mathfrak{b}_{CA},$$
$$\mathfrak{b}_C = \mathfrak{b}_B + \mathfrak{b}_{CB},$$
worin
$$\mathfrak{b}_{CA} = \mathfrak{b}_{CA,1} + \mathfrak{b}_{CA,2},$$
$$\mathfrak{b}_{CB} = \mathfrak{b}_{CB,1} + \mathfrak{b}_{CB,2}.$$

Die reduzierten Normalbeschleunigungen $\mathfrak{h}_{CA,1} = \dfrac{\mathfrak{b}_{CA,1}}{\omega^2}$ und $\mathfrak{h}_{CB,1} = \dfrac{\mathfrak{b}_{CB,1}}{\omega^2}$ sind gleich den Loten von C auf die durch A bzw. B gelegten Drehachsen $\mathfrak{w}$, die beiden Teile $\mathfrak{b}_{CA,2}$, $\mathfrak{b}_{CB,2}$ müssen in den Normalebenen zu CA und CB liegen. Machen wir daher $\overrightarrow{\alpha(\alpha)} = \mathfrak{b}_{CA,1}$ und $\overrightarrow{\beta(\beta)} = \mathfrak{b}_{CB,1}$, errichten sodann in (α) und (β) die Normalebenen zu CA

bzw. CB, so ist deren Schnittlinie $\mathfrak{L}$ ein geometrischer Ort für den Beschleunigungspunkt γ.

Einen zweiten Ort für γ liefert folgende Überlegung:

Die Beschleunigung $\mathfrak{b}_C$ liegt jedenfalls in der durch die Tangente der Bahn von C (d. h. durch $\mathfrak{v}_C$) gelegten Schmiegungsebene der Bahn des Punktes C.

Diese Ebene, deren Lage vorläufig nicht bekannt ist, schneidet die Führungsfläche von C in einem schiefen Schnitte, für dessen Krümmungshalbmesser $\varrho_C = C\Omega_C$ nach dem Satz von Meunier die Beziehung gilt:
$$\varrho_C = \varrho_o \cos \Theta,$$
worin $\varrho_o = C\Omega_o$ den Krümmungshalbmesser des durch $\mathfrak{v}_C$ und durch die gegebene Flächennormale gelegten Normalschnittes und Θ den Winkel beider Schnittebenen bedeutet.

Zu einem durch Θ gekennzeichneten schiefen Schnitte gehört dann eine in die Richtung $C\Omega_C$ fallende Normalbeschleunigung
$$b_{C,1} = \frac{v_c^2}{\varrho_o} = \frac{v_c^2}{\varrho_o \cos \Theta},$$
es ist daher für alle durch $\mathfrak{v}_C$ gelegten schiefen Schnitte
$$b_{C,1} \cos \Theta = \frac{v_c^2}{\varrho_o} = \text{konstant}.$$

Diese Gleichung besagt:

XXVI. Für alle im Punkte C durch $\mathfrak{v}_C$ gelegten schiefen Schnitte der Führungsfläche liegen die Endpunkte der in C angesetzten Normalbeschleunigungen in einer Geraden, die zum Normalschnitte senkrecht steht und durch einen Punkt C_1 auf $C\Omega_o$ geht, der durch $\overline{CC_1} = \dfrac{v_c^2}{\varrho_o}$

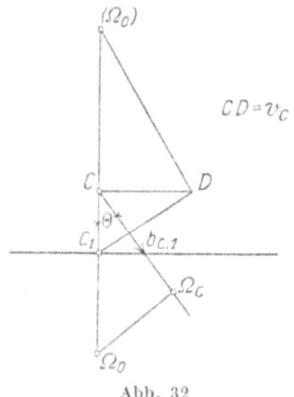

Abb. 32

bestimmt ist, wobei $\overrightarrow{CC_1}$ die Richtung $\overrightarrow{C\Omega_o}$ hat.

Die Konstruktion des Punktes C_1 zeigt Abb. 32, worin $\overline{C\Omega_o} = \overline{C(\Omega_o)}$.

Da die Tangentialbeschleunigung $\mathfrak{b}_{C,2}$ die Richtung der Bahntangente in C hat, so bilden die zur Geschwindigkeit $\mathfrak{v}_C$ gehörigen Beschleunigungen $\mathfrak{b}_C$ einen räumlichen Vektorbüschel mit dem Scheitel C, der durch die im Punkte C_1 errichtete Normalebene zur Flächennormalen begrenzt wird. Dasselbe gilt auch im Beschleunigungsplane; macht man somit $p(c_1) \not\equiv CC_1$ und legt durch (c_1) die Normalebene zur Flächennormalen in C, so muß in dieser der Beschleunigungspunkt γ liegen.

Der Schnittpunkt der früher erhaltenen Geraden $\mathfrak{L}$ mit dieser Ebene legt dann den Beschleunigungspunkt γ endgültig fest und es ist $\mathfrak{b}_C = \overrightarrow{p\gamma}$.

Die durch $\mathfrak{v}_C$ gelegte Parallelebene zu $\mathfrak{b}_C$ liefert die Schmiegungsebene der Bahn des Punktes C; ihr Krümmungsmittelpunkt Ω_C ist der Fußpunkt des Lotes aus Ω_o auf diese Ebene.

Die Winkelbeschleunigung $\mathfrak{l}$ ist aus den Gleichungen

$$\mathfrak{b}_{CA,2} = \mathfrak{l} \times \overrightarrow{AC},$$
$$\mathfrak{b}_{CB,2} = \mathfrak{l} \times \overrightarrow{BC}$$

bestimmt, da die links stehenden Beschleunigungsteile bereits bekannt sind. $\mathfrak{l}$ ist daher nach der hiefür in Ziff. 8 angegebenen Konstruktion zu finden.

Die vollständige Konstruktion des Beschleunigungszustandes der Dreipunktführung findet man in Abb. 37; sie wurde zur kinetostatischen Untersuchung dieser zwangläufigen Bewegung verwendet und ist in Ziff. 42 hinreichend beschrieben.

D. Die Vierpunktführung.

Bei der Vierpunktführung wird ein Punkt A des Körpers auf einer gegebenen Raumkurve bewegt, während drei weitere Punkte BCD auf vorgeschriebenen Flächen geführt werden. Da hiemit wieder fünf Zwangsbedingungen vorliegen, so ist die Bewegung eine zwangläufige.

33. Geschwindigkeitszustand.

Gegeben sei die Geschwindigkeit $\mathfrak{v}_A$ des Punktes A, die mit der Tangente an die Führungskurve von A zusammenfällt, ferner seien die Normalen der drei Führungsflächen in BCD durch deren Antipole $e_B\ e_C\ e_D$ festgelegt; die Antipole der Systemgeraden AB, BC, CD... bezeichnen wir einfach mit AB, BC, CD...; es müssen die Antipole von drei Geraden, die einer Ebene angehören, auf einer Geraden liegen, weil der geometrische Ort der Antipole aller Geraden einer Ebene die Antipolare des Bildpunktes dieser Ebene ist. Es liegen daher z. B. die Antipole BA, BC, AC auf der Antipolaren des Bildpunktes der Ebene ABC (Abb. 33).

Es sollen die Geschwindigkeiten der Punkte B, C, D konstruiert werden. Von ihren Bildern wissen wir zunächst nur, daß sie durch e_B bzw. e_C und e_D zu legen sind, da die Geschwindigkeiten der drei Punkte auf den betreffenden Flächennormalen senkrecht stehen.

Zufolge $\mathfrak{v}_B = \mathfrak{v}_A + \mathfrak{v}_{BA}$ müssen sich die diesen drei Geschwindigkeiten entsprechenden Bilder auf v_A schneiden, v_B ist durch e_B, v_{BA} durch BA zu legen. Eine willkürliche Annahme x dieses Schnittpunktes auf dem Bilde v_A liefert einen Geschwindigkeitspunkt b_1, wenn $o\,b_1 // xe_B$, $a\,b_1 // x\,BA$ gezogen wird. Allen Punkten x der Geraden v_A entspricht

48 · Graphische Kinematik des zwangläufigen räumlichen Systems

dann als Ort der Punkte b eine Gerade $\mathfrak{B}$, die durch b_1 parallel zu $e_B\, BA$ zu legen ist (vgl. den Beweis in Ziffer 30).

In gleicher Weise erhält man die Geraden $\mathfrak{C}//e_C\, AC$ und $\mathfrak{D}//e_D\, AD$ als Orte aller Geschwindigkeitspunkte c bzw. d, die den Punkten x auf dem Bilde v_A entsprechen.

Die beiden Punktreihen auf $\mathfrak{B}$ und $\mathfrak{C}$ sind nun einander durch die Gleichung

(a) $$\mathfrak{v}_C = \mathfrak{v}_B + \mathfrak{v}_{CB}$$

in ganz bestimmter Weise zugeordnet.

Um den der beliebigen Geschwindigkeit $\overrightarrow{o\,b_1}$ gemäß Gleichung (a) entsprechenden Punkt (c_1) zu erhalten, nehmen wir auf dem zu $o\,b_1$ gehörigen Bilde — es geht durch e_B parallel zu $o\,b_1$ — einen willkürlichen

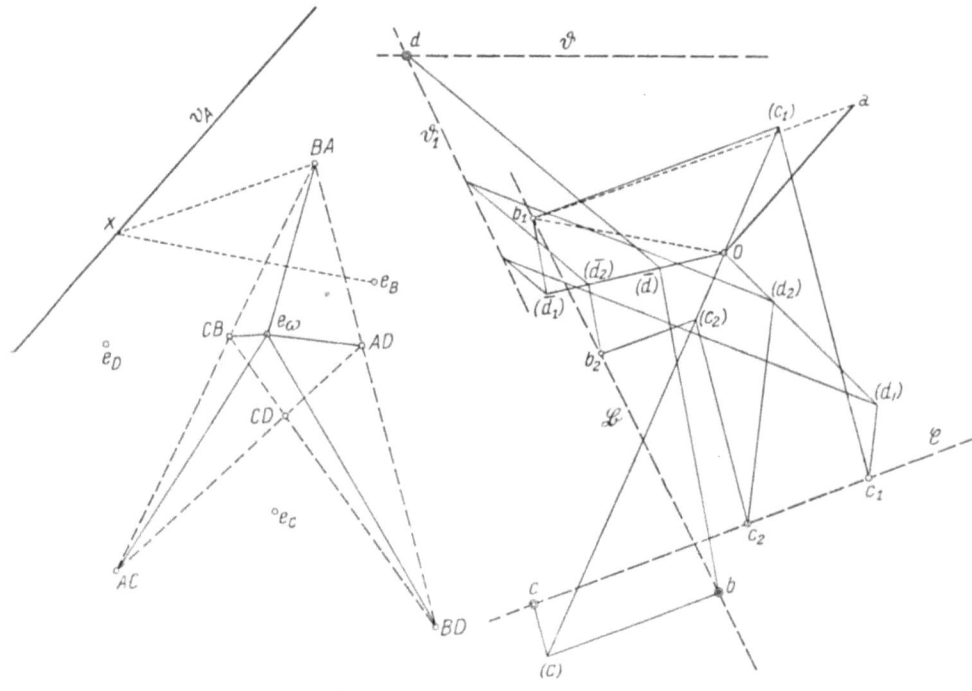

Abb. 33

Punkt als Schnittpunkt der Bilder der in Gleichung (a) enthaltenen Geschwindigkeiten an; wir lassen ihn der Einfachheit wegen nach e_B fallen und ziehen durch o die Parallele zu $e_B\, e_C$, durch b_1 jene zu $e_B\text{-}CB$. Wird nun im Schnittpunkte (c_1) dieser beiden Geraden die Parallele zu $e_C\, CB$ gezogen, so ist diese ein Ort für den dem Punkte b_1 nach Gleichung (a) zugeordneten Geschwindigkeitspunkt c_1. Da dieser aber auch auf $\mathfrak{C}$ liegen muß, so haben wir im Schnitte beider Geraden jenen

Punkt c_1 gefunden, der b_1 zugeordnet ist. Die Reihen $b_1 b_2 \ldots$, $c_1 c_2 \ldots$ sind ersichtlich die Parallelprojektionen der geraden Punktreihe $(c_1) (c_2) \ldots$ auf die Geraden $\mathfrak{B}$ und $\mathfrak{C}$. Daher sind die Punktreihen auf $\mathfrak{B}$ und $\mathfrak{C}$ ähnlich.

Auf Grund der Beziehungen

$$\mathfrak{v}_D = \mathfrak{v}_C + \mathfrak{v}_{DC} = \mathfrak{v}_B + \mathfrak{v}_{DB}$$

erhalten wir auf dem Träger $\mathfrak{D}$ zwei Punktreihen $d_1 d_2 \ldots$ und $\overline{d_1} \overline{d_2} \ldots$; die erste entspricht den Punkten $c_1 c_2 \ldots$ am Träger $\mathfrak{C}$, die zweite der Reihe $b_1 b_2 \ldots$ auf $\mathfrak{B}$[1]). Um d_1 aus dem Punkte c_1 abzuleiten, zieht man in sinngemäßer Anwendung der eben beschriebenen Konstruktion des Punktes c_1 aus b_1 zunächst durch o die Parallele zu $e_C e_D$, schneidet sie mit der durch c_1 gelegten Parallelen zu $e_C CD$ in (d_1) und legt durch (d_1) eine Parallele zu $e_D CD$; diese schneidet $\mathfrak{D}$ im Punkte d_1. In gleicher Weise gelangt man zu d_2.

Zur Konstruktion von $\overline{d_1}$ aus dem Punkte b_1 zieht man durch o die Gerade $o\,\overline{(d_1)} // e_B e_D$, macht $b_1\,\overline{(d_1)} // e_B BD$ und $\overline{(d_1)}\,\overline{d_1} // e_D BD$. Zufolge dieser Konstruktion sind die Punktreihen $c_1 c_2 \ldots (d_1)(d_2) \ldots d_1 d_2 \ldots$ ähnlich, ebenso die Reihen $b_1 b_2 \ldots \overline{(d_1)}\,\overline{(d_2)} \ldots$ und $\overline{d_1}\,\overline{d_2} \ldots$; da wir aber gezeigt haben, daß die Reihen $c_1 c_2 \ldots b_1 b_2 \ldots$ ähnlich sind, so sind es auch die auf dem gleichen Träger $\mathfrak{D}$ liegenden Reihen $d_1 d_2 \ldots$ und $\overline{d_1}\,\overline{d_2} \ldots$ Da sich ihre unendlich fernen Punkte entsprechen, so erhalten wir den Ähnlichkeitspunkt — er ist der gesuchte Geschwindigkeitspunkt auf $\mathfrak{D}$ —, indem wir auf einer Parallelen zu $\mathfrak{D}$ die Punkte $S\,\overline{S}$ willkürlich wählen und die Gerade $\delta_1 \delta_2 \ldots$ als Schnitt der beiden perspektiven Büschel $S(d_1 d_2 \ldots)$ und $\overline{S}(\overline{d_1}\,\overline{d_2} \ldots)$ konstruieren; dann ist d der Schnittpunkt von $(\delta_1 \delta_2)$ mit $\mathfrak{D}$.

Die Konstruktion der beiden Punktreihen auf $\mathfrak{D}$ kann jedoch ganz umgangen werden; denn es sind die beiden Parallelstrahlenbüschel, die durch die ähnlichen Punktreihen $(d_1)(d_2) \ldots$ und $\overline{(d_1)}\,\overline{(d_2)} \ldots$ gelegt wurden, mit den Richtungen $e_D CD$ bzw. $e_D BD$ perspektiv, sie schneiden sich daher in einer Geraden $\mathfrak{D}_1$, deren Schnitt mit $\mathfrak{D}$ den gesuchten Punkt d liefert.

Aus d können mit Hilfe des Linienzuges $d\,(d)\,b\,(c)\,c$ die endgültigen Geschwindigkeitspunkte b und c auf $\mathfrak{B}$ und $\mathfrak{C}$ gefunden werden, wobei

$$d\,(d) // e_D BD$$
$$\overline{(d)}\,b // e_B BD$$
$$b\,(c) // e_B CB$$
$$(c)\,c // e_C CB.$$

---

[1]) Es wird sich zeigen, daß die Punktreihen $d_1 d_2 \ldots$ und $\overline{d_1}\,\overline{d_2} \ldots$ auf dem Träger $\mathfrak{D}$ zur Ermittlung von d nicht gebraucht werden; sie sind daher in Abb. 33 nicht konstruiert.

Um die Richtigkeit der Konstruktion zu prüfen, zeichnet man die Bilder der Geschwindigkeiten durch die entsprechenden Antipole; verbindet man dann z. B. den Schnittpunkt der Bilder v_A und v_B mit BA, so muß diese Gerade als Bild von $\mathfrak{v}_{BA}$ parallel sein zu ba. Gleiche Bemerkungen gelten für alle übrigen Relativgeschwindigkeiten.

Die sechs Bilder der relativen Geschwindigkeiten der Systempunkte $ABCD$ müssen sich in einem Punkte schneiden, dem Antipole e_ω der momentanen Schraubenachse, denn diese Geschwindigkeiten stehen senkrecht auf der Drehachse.

Man erhält daher das Bild der Schraubenachse als Antipolare des Punktes e_ω. Bezüglich der Konstruktion des Schraubenparameters, des Drehvektors $\mathfrak{w}$ und des Spurpunktes g_ω kann auf die bezüglichen Angaben in Ziffer 31 verwiesen werden.

34. Achse der Kongruenz.

Besitzt der Punkt A anstatt einer Kurvenführung eine Flächenführung, so hat nun der Körper vier flächengeführte Punkte, somit zwei Freiheitsgrade der Bewegung; ein beliebiger Punkt des Körpers bewegt sich momentan in einem bestimmten Flächenelemente. Die vier gegebenen Flächennormalen werden von zwei Geraden geschnitten, welche den unendlich vielen möglichen Schraubenbewegungen gemeinsam sind; sie sind die **Leitlinien der Kongruenz**, die durch die vier Flächennormalen bestimmt ist. Jede Bewegung, die der auf vier Flächen geführte starre Körper ausführen kann, läßt sich aus zwei Drehungen um die beiden Leitlinien zusammensetzen. Jeder Punkt der Leitlinien beschreibt daher nicht ein Flächenelement, sondern ein Kurvenelement. Die Gesamtheit aller möglichen Schraubenachsen bildet eine Regelfläche dritten Grades, das Zylindroid, dessen Regelstrahlen den kürzesten Abstand der beiden Leitlinien, die **Achse der Kongruenz**, senkrecht schneiden[1]).

Das in Abb. 33 dargestellte Verfahren zur Ermittlung des Geschwindigkeitszustandes der Vierpunktführung gestattet eine einfache Konstruktion des Bildes der Achse der Kongruenz. Es sei zunächst daran erinnert, daß die Richtung und Lage der Schraubenachse von der Größe der Geschwindigkeit des Punktes A unabhängig ist; eine ähnliche Änderung des Geschwindigkeitsplanes $oabcd$ mit dem Ähnlichkeitszentrum o führt immer zum gleichen Antipol e_ω der Schraubenachse.

Sei nun z. B. der in Abb. 33 verwendete beliebige Hilfspunkt x auf dem Bilde v_A der Antipol der Normalen der Führungsfläche des

---

[1]) Enzykl. d. math. Wiss., Bd. IV, 2, 16 (Timerding). Leipzig: B. G. Teubner.

Punktes A, das heißt $x \equiv e_A$, dann kann man für zwei willkürliche, durch den Punkt e_A gelegte Strahlen, die als Bilder von möglichen Geschwindigkeiten des Punktes A anzusehen sind, nach der in Abb. 33 gezeigten Konstruktion die Antipole e_ω und $e_\omega{}^1$ der zugehörigen Schraubenachsen ermitteln. Da aber alle Schraubenachsen der durch die vier Flächennormalen bestimmten Kongruenz deren Achse $\mathfrak{A}$ senkrecht schneiden, so müssen sich ihre Bilder in einem Punkt treffen, dem Antipole $e_\mathfrak{A}$ der Achse $\mathfrak{A}$ und es bildet somit die Gerade $e_\omega\, e_\omega{}^1$ die Antipolare des Punktes $e_\mathfrak{A}$, das ist das gesuchte Bild der Achse $\mathfrak{A}$ der Kongruenz.

E. Die Fünfpunktführung.

35. Konstruktion der Schraubenachse.

Sind fünf Punkte des starren Systems an gegebene, voneinander unabhängige Flächen gebunden, so ist die Achse dieser zwangläufigen Schraubenbewegung dadurch bestimmt, daß sie mit der Zentralachse jenes Nullsystems übereinstimmt, das von den fünf Punkten mit den Normalebenen ihrer Bahnen gebildet wird. Die in den geführten Punkten errichteten Normalen zu den Führungsflächen sind in diesem Nullsystem sich selbst entsprechende Linien (Nullstrahlen), die einen linearen Komplex bestimmen.

Die beiden Geraden $l_1\, l_1'$, welche vier Nullstrahlen schneiden, sind einander konjugiert, ihr kürzester Abstand d_1 wird von der Zentralachse des Komplexes rechtwinklig geschnitten.

Man erhält für eine andere Kombination der vier Normalen in deren Schnittlinien $l_2\, l_2'$ ein zweites Paar von konjugierten Geraden mit dem kürzesten Abstande d_2, daher gibt das gemeinsame Lot von d_1 und d_2 die gesuchte Schraubenachse[1]).

Auf Grund der in Ziffer 34 mitgeteilten Konstruktion für die Achse einer Kongruenz ergibt sich somit folgendes Verfahren zur Aufsuchung des Bildes der Schraubenachse:

Man wählt aus den fünf Normalen zwei Gruppen aus zu je Vieren, bestimmt für jede Gruppe den Antipol der Achse der ihr entsprechenden Kongruenz, womit die Antipole der Lote d_1 und d_2 gewonnen sind. Da die Schraubenachse senkrecht steht auf beiden Loten, so ist ihr Bild bereits durch die Verbindungslinie dieser beiden Antipole bestimmt. Die Konstruktion des Schraubenparameters, des Drehvektors $\mathfrak{w}$ und des Spurpunktes g_ω erfolgt wieder nach den Angaben in Ziffer 31.

---

[1]) Enzykl. d. math. Wiss., Bd. IV, 3, 18 (Schoenflies u. Grübler). Leipzig: B. G. Teubner.

IV. Graphische Kinetostatik des zwangläufigen starren räumlichen Systems.

A. Die Zweipunktführung.

Die Kinetostatik befaßt sich mit der Aufgabe, für einen Körper, dessen Bewegung durch Führungen gewissen Beschränkungen unterworfen ist, die Führungskräfte sowie die Schnittreaktionen für einen vollständigen Schnitt durch den Körper zu bestimmen. Zur Lösung dieser Aufgabe hat man zunächst aus dem gegebenen Geschwindigkeitszustand den durch die bekannten eingeprägten Kräfte hervorgerufenen Beschleunigungszustand des geführten Körpers zu ermitteln und sodann dessen Beziehungen mit den Führungskräften darzustellen. Diese Aufgaben sollen nun für die Zwei- und Dreipunktführung des starren Körpers graphisch gelöst werden.

36. Das System der Beschleunigungsdrücke.

Ein homogener gerader Stab von der Länge d und der Masse M werde in den Endpunkten AB auf Raumkurven geführt; seine Querschnittsabmessungen seien klein gegenüber der Länge.

Die Gesamtheit der Beschleunigungsdrücke $dm\,\mathfrak{b}_M$, wo dm ein Massenteilchen an der Stelle M des Stabes bedeutet, bildet ein Raumkraftsystem, das auf eine Einzelkraft und ein Moment zurückgeführt werden kann. Wählen wir den Stabschwerpunkt S als Bezugspunkt dieser Zurückführung, so liefert die Verschiebung aller elementaren Drücke nach S eine Kraft

$$\mathfrak{R} = \Sigma\, dm\,\mathfrak{b}_M$$

und ein Moment

$$\mathfrak{M} = \Sigma\, \mathfrak{r} \times dm\,\mathfrak{b}_M,$$

wo $\overrightarrow{SM} = \mathfrak{r}$. Nun ist

(26) $$\mathfrak{b}_M = \mathfrak{b}_S + \mathfrak{w} \times \mathfrak{w} \times \mathfrak{r} + \mathfrak{l} \times \mathfrak{r}$$

und daher zufolge $\Sigma\, dm\,\mathfrak{r} = \mathfrak{0}$

(27) $$\mathfrak{R} = M\,\mathfrak{b}_S.$$

Für das Reduktionsmoment $\mathfrak{M}$ erhält man nach vorstehendem zunächst

$$\mathfrak{M} = \Sigma\, \mathfrak{r} \times dm\, \{\mathfrak{w} \times \mathfrak{w} \times \mathfrak{r} + \mathfrak{l} \times \mathfrak{r}\}$$

und nach dem Entwicklungssatze

$$\mathfrak{M} = \Sigma\, \mathfrak{r} \times dm\, \mathfrak{w}\,(\mathfrak{w} \cdot \mathfrak{r}) + \Sigma\, \mathfrak{l}\, dm\, \mathfrak{r}^2.$$

Da wir die zwangläufige Bewegung des Stabes betrachten wollen, also seine momentane Drehung um die Schnittlinie der Normalebenen zu den Führungen in A und B, während seine Drehung um die eigene Achse nicht berücksichtigt werden soll, so muß der Vektor $\mathfrak{l}$ der

Winkelbeschleunigung senkrecht stehen auf der Achse AB, d. h. es ist $\mathfrak{l} \cdot \mathfrak{r} = 0$.[1])

Setzen wir $\mathfrak{r} = r\,\mathfrak{e}$, wo $\mathfrak{e}$ den Einheitsvektor auf der Stabachse $\overrightarrow{AB}$ bedeutet, ferner

$$\mathfrak{w} \cdot \mathfrak{e} = \omega'$$
$$\mathfrak{w} \times \mathfrak{e} = \omega'' \mathfrak{f},$$

wo $\omega'\,\omega''$ die Komponenten des Drehvektors $\mathfrak{w}$ parallel und senkrecht zur Stabachse, $\mathfrak{f}$ einen zu $\mathfrak{w}$ und $\mathfrak{e}$ senkrechten Einheitsvektor bedeuten, so wird

$$\mathfrak{M} = T_S\,(\mathfrak{l} - \omega'\,\omega''\,\mathfrak{f})^2). \tag{28}$$

Hierin ist mit

$$T_S = \Sigma\,dm\,\mathfrak{r}^2$$

das Trägheitsmoment des Stabes für eine durch S gehende, zur Stabachse senkrechte Achse bezeichnet. Da die Querschnittsabmessungen klein sind gegenüber der Länge des Stabes, so sind die Trägheitsmomente für alle in S zum Stabe senkrechten Achsen einander gleich T_S.

Für die Zwecke der zeichnerischen Verwertung läßt sich Gleichung (28) in eine passendere Form bringen, indem der Klammerausdruck in (28) durch die relative Beschleunigung $\mathfrak{b}_{BA}$ der Endpunkte des Stabes ausgedrückt wird.

Mit $\mathfrak{d} = \overrightarrow{AB}$ wird gemäß Gleichung (13)

$$\mathfrak{b}_{BA} = \mathfrak{b}_B - \mathfrak{b}_A = \mathfrak{w} \times \mathfrak{w} \times \mathfrak{d} + \mathfrak{l} \times \mathfrak{d}$$

somit $\qquad \mathfrak{d} \times \mathfrak{b}_{BA} = \mathfrak{d} \times (\mathfrak{w} \times \mathfrak{w} \times \mathfrak{d}) + \mathfrak{d} \times \mathfrak{l} \times \mathfrak{d}.$

Die Anwendung der Entwicklungsformel liefert mit Benutzung der vorhin eingeführten Werte $\mathfrak{e}\,\mathfrak{f}\,\omega'\,\omega''$:

$$\mathfrak{d} \times \mathfrak{b}_{BA} = d^2\,(\mathfrak{l} - \omega'\,\omega''\,\mathfrak{f})$$

und es folgt nun durch Vergleich mit Gleichung (28)

$$\mathfrak{M} = \frac{T_S}{d^2}\,\mathfrak{d} \times \mathfrak{b}_{BA},$$

oder endlich mit Einführung des Trägheitshalbmessers k_S zufolge $M\,k_S^2 = T_S$:

$$\mathfrak{M} = M\left(\frac{k_S}{d}\right)^2\mathfrak{d} \times \mathfrak{b}_{BA}. \tag{29}$$

Durch die Vektoren $\mathfrak{R}$, $\mathfrak{M}$ (Gleichungen 27 und 29) ist das System der Beschleunigungsdrücke des in zwei Punkten geführten homogenen dünnen Stabes gekennzeichnet.

---

[1]) Vgl. die Fußnote auf S. 38.

[2]) Zu dem gleichen Ergebnisse gelangt man auch aus den Eulerschen Gleichungen für die Drehung des Stabes um S, wenn darin das Trägheitsmoment des Stabes um seine Achse Null gesetzt wird und die beiden anderen Hauptträgheitsmomente einander gleich gesetzt werden. Der Vektor der Winkelbeschleunigung ergibt sich dann senkrecht zur Stabachse.

37. Ermittlung der Beschleunigungen aus den eingeprägten Kräften.

Der gerade Stab AB sei in seinen Endpunkten in Raumkurven geführt, von denen die Tangenten und die Krümmungsmittelpunkte $\Omega_A \Omega_B$ gegeben sind. Die Geschwindigkeit $\mathfrak{v}_A$ des Punktes A sei bekannt. Die dynamischen Eigenschaften des Stabes sind durch Angabe des Schwerpunktes S, der Masse M und des Trägheitshalbmessers k_S gekennzeichnet. Wenn nun im Punkte C eine Kraft $\mathfrak{P}$ angreift, sollen ermittelt werden:

a) der Beschleunigungszustand,
b) die Führungsdrücke in A und B.

Entsprechend dem bekannten Geschwindigkeitszustand müssen die Beschleunigungen der Punkte A, B, S nach den Ausführungen in Ziffer 26 folgenden Gleichungen genügen.

$$(30) \quad \begin{cases} \mathfrak{b}_A{}^1 = \mathfrak{b}_A + \lambda\,\mathfrak{v}_A \\ \mathfrak{b}_B{}^1 = \mathfrak{b}_B + \lambda\,\mathfrak{v}_B \\ \mathfrak{b}_S{}^1 = \mathfrak{b}_S + \lambda\,\mathfrak{v}_S \\ \mathfrak{b}_{BA}{}^1 = \mathfrak{b}_{BA} + \lambda\,\mathfrak{v}_{BA} \end{cases}$$

Hierin sind durch $(\mathfrak{b}_B\,\mathfrak{b}_A)$ bzw. $(\mathfrak{b}_B{}^1\,\mathfrak{b}_A{}^1)$ zwei zum gleichen Geschwindigkeitszustande und zu den gegebenen Führungen gehörige, sonst aber beliebige Beschleunigungszustände gekennzeichnet.

Es wird sich also darum handeln, jenen Wert für λ aufzusuchen, welcher den durch die Kraft $\mathfrak{P}$ erzeugten Beschleunigungszustand $\mathfrak{b}_A{}^* \mathfrak{b}_B{}^*$ des zwangläufig geführten Stabes liefert.

Um das System $\mathfrak{R}, \mathfrak{M}$ der Beschleunigungsdrücke in der Zeichnung durch Strecken darzustellen, führen wir die reduzierte Kraft und das reduzierte Moment ein, indem durch $M\omega^2$ dividiert wird; dann ergibt sich gemäß den Gleichungen 27 und 29

$$(31) \quad \frac{\mathfrak{R}}{M\omega^2} = \frac{\mathfrak{b}_S}{\omega^2} = \mathfrak{h}_S$$

$$(32) \quad \frac{\mathfrak{M}}{M\omega^2} = \frac{k_S{}^2}{d}\,\mathfrak{e} \times \mathfrak{h}_{BA} = \mathfrak{cm}.$$

Das reduzierte System der Beschleunigungsdrücke ist nun dargestellt durch die gerichteten Strecken $\mathfrak{h}_S$, $\mathfrak{m}$ und es fordern die Gleichungen (30), daß zusammengehörige Vektoren $(\mathfrak{h}_S, \mathfrak{m})$ bzw. $(\mathfrak{h}_S{}^1, \mathfrak{m}^1)$ an die Bedingungen gebunden sind:

$$(33) \quad \mathfrak{h}_S{}^1 = \mathfrak{h}_S + \lambda\,\frac{\mathfrak{v}_S}{\omega^2}$$

$$(34) \quad \mathfrak{m}^1 = \mathfrak{m} + \lambda\,\frac{k_S{}^2}{d}\,\mathfrak{e} \times \frac{\mathfrak{v}_{BA}}{\omega^2}.$$

Die mit negativen Vorzeichen genommenen Werte $\mathfrak{h}_S{}^1$, $\mathfrak{m}^1$ bzw. $\mathfrak{h}_S$, $\mathfrak{m}$ stellen nun zwei mögliche Systeme der Trägheitskräfte des räumlich bewegten Stabes AB dar.

Nach dem d'Alembert'schen Prinzipe bildet das System der Trägheitskräfte mit der Kraft $\mathfrak{P}$ und den beiden Führungsdrücken ein Gleichgewichtssystem.

Um eine von den unbekannten Führungsdrücken unabhängige Gleichgewichtsgleichung zu erhalten, wird eine virtuelle Drehung um die Achse $\mathfrak{K}$ der momentanen Drehung des Stabes vorgenommen (das ist die Schnittlinie der Normalebenen in A und B zu den Führungstangenten).

Als Winkelgeschwindigkeit der virtuellen Drehung wählen wir den Wert $\mathfrak{u} = \dfrac{\mathfrak{w}}{\omega}$, die Geschwindigkeiten der Systempunkte ergeben sich dann, falls die Länge von $\mathfrak{u}$ gleich der Abbildungskonstanten c gemacht wird, als reduzierte Geschwindigkeiten, das heißt als reine Strecken (siehe Ziff. 10). Wir operieren also durchwegs mit den reduzierten Geschwindigkeiten $\mathfrak{f}$ und den reduzierten Beschleunigungen $\mathfrak{h}$, die Konstruktion ist daher von der Größe der wirklichen Winkelgeschwindigkeit $\mathfrak{w}$ unabhängig.

Bezeichnen wir noch mit $\mathfrak{p} = \dfrac{\mathfrak{P}}{M\omega^2}$ die auf eine Strecke reduzierte gegebene Kraft $\mathfrak{P}$, so lautet die Bedingung dafür, daß die virtuelle Leistung des gesamten oben bezeichneten Kraftsystems verschwindet:

$$\mathfrak{p} \cdot \mathfrak{f}_C - \mathfrak{h}_S^* \cdot \mathfrak{f}_S - c\, m^* \cdot \mathfrak{u} = 0.$$

Mit Benutzung der Gleichungen (33) und (34) und Einführung der reinen Zahl $\lambda^* = \dfrac{\lambda}{\omega}$ liefert die vorstehende Gleichung für λ^* den Wert:

$$\lambda^* = \dfrac{\mathfrak{p} \cdot \mathfrak{f}_C - \mathfrak{h}_S \cdot \mathfrak{f}_S - \dfrac{k_S^2}{d}(\mathfrak{e} \times \mathfrak{h}_{BA}) \cdot \mathfrak{u}}{\mathfrak{f}_S \cdot \mathfrak{f}_S + \dfrac{k_S^2}{d}(\mathfrak{e} \times \mathfrak{f}_{BA}) \cdot \mathfrak{u}}. \qquad (35)$$

Hiemit sind aber die reduzierten Beschleunigungen der Punkte A, B, S bestimmt, denn es gilt nach den Gleichungen (30):

$$\left.\begin{aligned}\mathfrak{h}_A^* &= \mathfrak{h}_A + \lambda^* \mathfrak{f}_A \\ \mathfrak{h}_B^* &= \mathfrak{h}_B + \lambda^* \mathfrak{f}_B \\ \mathfrak{h}_S^* &= \mathfrak{h}_S + \lambda^* \mathfrak{f}_S\end{aligned}\right\} \qquad (36)$$

Die gesuchten wirklichen Beschleunigungen werden hieraus durch Multiplikation mit ω^2 gewonnen.

Sämtliche in der Gleichung (35) vorkommenden Vektoren sowie deren innere und äußere Produkte können nach den früheren Ausführungen einfach konstruiert werden.

Die Abb. (34) Tafel II zeigt die Konstruktion des Beschleunigungszustandes des Stabes AB, an welchem in C die Kraft $\mathfrak{P}$ wirkt, die dargestellt ist durch ihre reduzierte Länge $\mathfrak{p}$.

38. Erläuterung der Konstruktion.

Zunächst zeichnet man die Bilder der Führungstangenten in A und B (sie sind zugleich die Bilder der reduzierten Geschwindigkeiten $\mathfrak{f}_A$ und $\mathfrak{f}_B$); ihr Schnittpunkt ist der Antipol e_K der momentanen Drehachse $\mathfrak{K}$, deren Bild als Antipolare von e_K zu konstruieren ist. Um den Spurpunkt g_ω der Drehachse $\mathfrak{K}$ zu erhalten, legt man durch A und B Parallele zu $\mathfrak{K}$ und errichtet in deren Spurpunkten g_A, g_B die Normalen zu den Bildern von $\mathfrak{f}_A$ und $\mathfrak{f}_B$; ihr Schnitt gibt g_ω.

Die Länge des Vektors $\mathfrak{u}$ in der Drehachse $\mathfrak{K}$ ist gleich der Abbildungskonstanten c zu machen. Die Bildlänge der reduzierten Geschwindigkeit $\mathfrak{f}_A$ ist aus $\mathfrak{f}_A = \mathfrak{u} \times \overrightarrow{(g_\omega A)}$ als statisches Moment durch Anwendung der in Abb. 6 gezeigten Konstruktion zu bestimmen; da das Bild von $\mathfrak{f}_{BA}$ mit der Geraden $e_K e_{AB}$ zusammenfallen muß, so kann der Plan der reduzierten Geschwindigkeiten leicht gezeichnet werden [$o a b c s$ Abb. 34 (c), Tafel II]. Die in der Formel (35) enthaltenen reduzierten Beschleunigungen $\mathfrak{h}_S, \mathfrak{h}_{BA}$ sind nur an die Bedingung geknüpft, daß sie einem den gegebenen Führungen und der Winkelgeschwindigkeit $\mathfrak{u}$ entsprechenden Beschleunigungszustande angehören müssen. Nehmen wir für $\mathfrak{h}_A$ die den möglichen Beschleunigungszuständen von A gemeinsame Normalbeschleunigung $\mathfrak{h}_{A,1} = \dfrac{f_A^2}{A \Omega_A}$ an, so können nach der in Ziff. 28 beschriebenen und in Abb. 29 dargestellten Konstruktion die zugehörigen reduzierten Beschleunigungen $\mathfrak{h}_B, \mathfrak{h}_S$ und $\mathfrak{h}_{BA}$ konstruiert werden. [Beschleunigungsplan in Abb. 34 (d)].

Der Vektor $\dfrac{k_S^2}{d} \mathfrak{e} \times \mathfrak{h}_{BA} = c \mathfrak{m}$ ist als statisches Moment des in B angesetzten Vektors $\mathfrak{h}_{BA}$[1]) in Bezug auf jenen Punkt D des Stabes zu konstruieren, für den $\overrightarrow{DB} = \mathfrak{e} \dfrac{k_S^2}{d}$.

$g_1 g_2$ sind die Spurpunkte der durch D und B gelegten Parallelen zu $\mathfrak{h}_{BA}$. (Der Aufriß des Vektors $\mathfrak{h}_{BA}$ ist nach Abb. 1 parallel zur Verbindungslinie des Punktes f am c-Kreise mit dem Schnittpunkte T des Bildes h_{BA} und der Y-Achse; $O'f // X$-Achse). Das Bild m von $\mathfrak{m}$ ist die Verbindungslinie der Antipole e^{BA} (von h_{BA}) mit e_{AB} (von AB).

Der Vektor $\dfrac{k_S^2}{d} \mathfrak{e} \times f_{BA} = c \mathfrak{k}$ wird als statisches Moment des in B angebrachten Vektors $\mathfrak{f}_{BA}$ um den Punkt D ermittelt; hiezu wurden die Spurpunkte $g_3 g_4$ der durch B und D gelegten Parallelen zu $\mathfrak{f}_{BA}$ benutzt, das Bild k von $\mathfrak{k}$ ist die Gerade $e_{fBA} e_{AB}$.

---

[1]) In Abb. 34 wurde nur $\dfrac{\mathfrak{h}_{BA}}{2}$ aufgetragen, das statische Moment hievon um den Punkt D schließlich wieder verdoppelt.

Die in Gleichung (35) vorkommenden inneren Produkte zweier Vektoren werden schließlich nach Ziff. 4 konstruiert aus dem statischen Momente des Bildstabes des einen Vektors in Bezug auf den „Bildpunkt" des anderen.

Um z. B. $\mathfrak{p} \cdot \mathfrak{f}_c$ zu finden, zeichnet man den Bildpunkt $\overline{p}$ der reduzierten Kraft $\mathfrak{p}$ (als Antipol des Bildes von $\mathfrak{p}$) und das Bild f_c. (Letzteres geht durch e_K parallel zu $o\,c$, wobei $a\,c\,b \backsim A\,C\,B$.) Da die Z-Komponente von $\mathfrak{p}$ aus der Zeichnung mit $-2{,}84$ entnommen wird und das statische Moment von f_c in Bezug auf $\overline{p}$ gleich $+ 4 \times 2{,}11$ ist (positiv, weil linksdrehend), so ergibt sich nach Satz (IX):

$$\mathfrak{p} \cdot \mathfrak{f}_c = - \frac{2{,}84 \times 2{,}11 \times 4}{c} = - \frac{23{,}9}{3} = -8{,}0.$$

Die Abbildungskonstante c wurde in der Originalzeichnung mit 3 cm angenommen.

Zur Bestimmung von $\mathfrak{h}_S \cdot \mathfrak{f}_S$ wird der Bildpunkt $\overline{h}_S$ konstruiert und das Bild $\mathfrak{f}_S$ eingetragen. Da sich die Z-Komponente von $\mathfrak{h}_S$ aus der Zeichnung zu $\dfrac{2{,}8 \times 5{,}35}{3} = +4{,}99$ ergibt, so wird mit Berücksichtigung des Sinnes des statischen Momentes:

$$\mathfrak{h}_S \cdot \mathfrak{f}_S = - \frac{4{,}99 \times 2{,}5 \times 5{,}57}{c} = -14{,}9.$$

Für $c\,\mathfrak{m} \cdot \mathfrak{u}$ erhält man, da $u_z = -\dfrac{2{,}35 \times 2{,}4}{3} = -1{,}88$ ist,

den Wert: $-\dfrac{10{,}85 \times 0{,}4 \times 1{,}88}{c} = -2{,}7.$

Die Multiplikation von $\mathfrak{m} \cdot \mathfrak{u}$ mit c ist hierin schon dadurch berücksichtigt, daß die Länge des Einheitsvektors $\mathfrak{u}$ gleich c gewählt wurde.

Es ergibt sich schließlich

$$\lambda^* = \frac{-8{,}0 + 14{,}9 + 2{,}7}{14{,}5 + 1{,}5} = +0{,}6.$$

Das Bild und die Bildlänge der reduzierten Beschleunigung $\mathfrak{h}_A^*$ ist nun nach der Gleichung (36) zu konstruieren durch die geometrische Addition der Vektoren $\mathfrak{h}_A$ und $\lambda^* \mathfrak{f}_A$, deren Bilder bereits gezeichnet sind. Gleiches gilt bezüglich $\mathfrak{h}_B^*$ und $\mathfrak{h}_S^*$.

Die nach vorstehendem konstruierten Beschleunigungsvektoren können in folgender Weise auf ihre Richtigkeit geprüft werden: Die eingeprägte Kraft $\mathfrak{P}$, die beiden Führungsdrücke und das System der Trägheitskräfte ($-\mathfrak{R}^*$, $-\mathfrak{M}^*$) bilden ein Gleichgewichtssystem, dessen Moment um jede Achse verschwinden muß. Wählt man hiefür die momentane Drehachse $\mathfrak{K}$ des Stabes, so muß für diese, da dann die Führungsdrücke keinen Beitrag liefern, das Moment des Kraftsystems $\mathfrak{P}$, $-\mathfrak{R}^*$, $-\mathfrak{M}^*$

verschwinden, d. h. es muß der Vektor des Momentes dieses Kraftsystems in Bezug auf einen **Punkt der Achse $\mathfrak{K}$ auf dieser senkrecht stehen**. Konstruiert man daher z. B. für den Spurpunkt g_ω der Drehachse die statischen Momente von $\mathfrak{P}$ und $-\mathfrak{R}^*$ und fügt $-\mathfrak{M}^*$ geometrisch hinzu, so muß der so erhaltene Vektor $\mathfrak{V}$ senkrecht auf $\mathfrak{K}$ stehen, d. h. **sein Bild muß durch den Antipol e_K führen**.

Die vorstehend beschriebene Kontrolle wurde durchgeführt, die hiezu notwendigen Konstruktionslinien sind jedoch in Abb. 34 mit Ausnahme des endgültigen Vektors $\frac{\mathfrak{V}}{2}$ nicht eingetragen.

39. Konstruktion der Führungsdrücke.

Die Wirkungslinien der Führungsdrücke $\mathfrak{D}_A\,\mathfrak{D}_B$ gehen durch die Punkte A und B und liegen in den durch diese Punkte gelegten Normalebenen zu den Führungstangenten. Diese beiden Wirkungslinien könnten daher als jene konjugierten Geraden des räumlichen Kraftsystems $\mathfrak{P}$, $-\mathfrak{R}^*$, $-\mathfrak{M}^*$ bestimmt werden, deren eine durch den Punkt A geht, während die andere in der Normalebene von B liegen soll[1]). Die hiezu notwendige Konstruktion wird ziemlich umständlich und kann durch eine einfachere ersetzt werden: Um z. B. $\mathfrak{D}_A$ zu erhalten, reduzieren wir das vorhin genannte Raumkraftsystem nach dem Punkte B; dann muß das hiebei erhaltene Reduktionsmoment $\mathfrak{M}_B$ durch das um den Punkt B genommene Moment des Führungsdruckes $\mathfrak{D}_A$ getilgt werden. Die Kraft $\mathfrak{D}_A$ wirkt demnach in der durch AB gelegten Normalebene zu $\mathfrak{M}_B$; somit fällt die Wirkungslinie von $\mathfrak{D}_A$ in die Schnittgerade dieser Ebene mit der Normalebene zur Führungstangente in A. Die Größe von $\mathfrak{D}_A$ ist aus

$$\overrightarrow{BA} \times \mathfrak{D}_A = -\mathfrak{M}_B$$

zu konstruieren, wobei von der in Ziff. 8 mitgeteilten Konstruktion Gebrauch zu machen ist. Der Führungsdruck $\mathfrak{D}_B$ folgt dann aus der Gleichgewichtsbedingung

(37) $$\mathfrak{D}_A + \mathfrak{D}_B + \mathfrak{P} - \mathfrak{R}^* = 0.$$

Am einfachsten führt der folgende, in Abb. 35 (Tafel III) eingeschlagene Weg zum Ziele. Man reduziert zunächst wieder das Kraftsystem $\mathfrak{P}$, $-\mathfrak{R}^*$, $-\mathfrak{M}^*$ nach dem Punkte B. Da sowohl die Reduktionsmomente der Kräfte $\mathfrak{P}$ und $-\mathfrak{R}^*$ wie auch $\mathfrak{M}^*$ senkrecht sind auf AB, so gilt dies auch für den Vektor $\mathfrak{M}_B$ des resultierenden Reduktionsmomentes.

---

[1]) Die besondere Art des Raumkraftsystems bedingt, daß dann die Gerade durch A auch in der Normalebene von A liegt und daß die konjugierte Gerade in der Normalebene von B auch den Punkt B enthält.

Sein Bild geht daher durch den Antipol e_{AB}, seine Richtung ergibt sich aus der geometrischen Aneinanderreihung der Bilder von

$$-\mathfrak{M}_S = -(\overrightarrow{BS} \times \mathfrak{R}^*)$$
$$\mathfrak{M}_P = \overrightarrow{BC} \times \mathfrak{P}$$
und $-\mathfrak{M}^*$.

(Abb. 35, rechts unten.)

Nun steht aber $\mathfrak{D}_A$ senkrecht auf $\mathfrak{M}_B$ und auf $\mathfrak{f}_A$, sohin ist das Bild dieses Führungsdruckes gegeben durch die Verbindungslinie der Antipole e_{MB} von $\mathfrak{M}_B$ und e_A von $\mathfrak{f}_A$. Zufolge der Gleichung (37) schneiden sich die Bilder von $\mathfrak{D}_A$ und $\mathfrak{D}_B$ in einem Punkt s, der auf dem bekannten Bilde des Vektors ($\mathfrak{P}-\mathfrak{R}^*$) gelegen ist. Verbindet man diesen Schnittpunkt s mit dem Antipole e_B, so ist in dieser Geraden bereits das Bild von $\mathfrak{D}_B$ gewonnen, denn $\mathfrak{D}_B$ steht senkrecht auf $\mathfrak{f}_B$, so daß das Bild von $\mathfrak{D}_B$ den Antipol e_B enthalten muß. Die Zeichnung eines Krafteckes (Abb. 35, rechts oben) liefert dann vollends die Bildlänge von $\mathfrak{D}_A$ und $\mathfrak{D}_B$.

Bei der Konstruktion werden wieder wie in Ziff. 37 die Kräfte $\mathfrak{P}_1-\mathfrak{R}^*$ und die Momente $\mathfrak{M}^*$ und $\mathfrak{M}_B$ ersetzt durch ihre „reduzierten" Längen, so daß sich auch die Führungsdrücke als reduzierte Strecken $\mathfrak{d}_A$ und $\mathfrak{d}_B$ ergeben; die wirklichen Werte erhält man durch Multiplikation mit $M\omega^2$.

B. Die Dreipunktführung.

40. Das System der Beschleunigungsdrücke.

Der Geschwindigkeitszustand des starren Körpers von der Masse M sei gegeben durch die Geschwindigkeit $\mathfrak{v}_S$ seines Schwerpunktes S und durch die Winkelgeschwindigkeit $\mathfrak{w}$, vom Beschleunigungszustand sei bekannt die Schwerpunktsbeschleunigung $\mathfrak{b}_S$ und die Winkelbeschleunigung $\mathfrak{l}$. Die Bewegung des Körpers besteht aus einer durch ($\mathfrak{v}_S \mathfrak{b}_S$) bestimmten Translation, der sich eine Drehung um den festgehaltenen Schwerpunkt mit $\mathfrak{w}, \mathfrak{l}$ überlagert. Der mit $\mathfrak{b}_S$ beschleunigten Translation entspricht ein in S wirkender Beschleunigungsdruck

$$\mathfrak{R} = M\mathfrak{b}_S, \qquad (38)$$

während die Vereinigung aller elementaren Beschleunigungsdrücke des um S rotierenden Körpers zu einem Momente $\mathfrak{M}$ führt, für das nach der Eulerschen Gleichung gilt:

$$\mathfrak{M} = \frac{d\mathfrak{D}}{dt} + \mathfrak{w} \times \mathfrak{D}. \qquad (39)$$

Hierin bedeutet $\mathfrak{D}$ den Drall (Schwung) des rotierenden Körpers, $\frac{d\mathfrak{D}}{dt}$ seine zeitliche Änderung in Bezug auf den bewegten Körper.

In die Richtungen der Hauptachsen (1, 2, 3) des Schwerpunktes wirft der Drall die Komponenten
$$D_1 = T_1\omega_1, \ D_2 = T_2\omega_2, \ D_3 = T_3\omega_3$$
und der Vektor $\dfrac{d\mathfrak{D}}{dt} = \mathfrak{Z}$ die Teile
$$Z_1 = T_1 l_1, \ Z_2 = T_2 l_2, \ Z_3 = T_3 l_3,$$
wobei
$$T_1 = M i_1^2, \ T_2 = M i_2^2, \ T_3 = M i_3^2$$
die Hauptträgheitsmomente, $\omega_1\,\omega_2\,\omega_3$ und $l_1\,l_2\,l_3$ die Komponenten von $\mathfrak{w}$ und $\mathfrak{l}$ in den Hauptachsen bedeuten.

Für den Drallvektor $\mathfrak{D}$ läßt sich eine einfache lineare Konstruktion angeben. Die durch die Spitze des Drallvektors gelegte Normalebene zur Hauptachse „1" schneidet aus dieser die Strecke $\overline{S\delta_1} = T_1\omega_1$ ab, somit auf dem Vektor $\mathfrak{w}$ die Strecke $SE_1 = T_1\omega$. Gleiches gilt für die Hauptachsen 2 und 3.

Trägt man daher auf $\mathfrak{w}$ von S aus die Längen
$$\overline{SE_1} = T_1\omega, \ \overline{SE_2} = T_2\omega, \ \overline{SE_3} = T_3\omega$$
auf und legt durch die so erhaltenen Punkte $E_1\,E_2\,E_3$ die Normalebenen zu den zugehörigen Hauptachsen 1, 2, 3, so schneiden sich diese in der Spitze des gesuchten Drallvektors $\mathfrak{D}$.

Bei der Durchführung dieser Konstruktion wollen wir wieder mit reinen Strecken arbeiten, wir stellen also den Drall als „reduzierten Drallvektor" dar, indem wir setzen
$$\mathfrak{d} = \frac{\mathfrak{D}}{Mc\omega}$$
(c = Abbildungskonstante). Daher sind auf $\mathfrak{w}$ die Strecken

(40) $\qquad SE_1 = \dfrac{T_1\omega}{Mc\omega} = \dfrac{i_1{}^2}{c}, \quad SE_2 = \dfrac{i_2{}^2}{c}, \quad SE_3 = \dfrac{i_3{}^2}{c}$

aufzutragen, die aus den Trägheitshalbmessern $i_1\,i_2\,i_3$ leicht zu finden sind.

Das Moment der Beschleunigungsdrücke des rotierenden Körpers läßt sich durch das reduzierte Moment

(41) $\qquad \mathfrak{m} = \dfrac{\mathfrak{M}}{Mc\omega^2} = \dfrac{\mathfrak{Z}}{Mc\omega^2} + \dfrac{\mathfrak{w}\times\mathfrak{D}}{Mc\omega^2} = \mathfrak{m}_1 + \mathfrak{m}_2$

darstellen, wo nun $\mathfrak{m}$ eine Strecke ist; es hat der Vektor $\dfrac{\mathfrak{Z}}{Mc\omega^2} = \mathfrak{m}_1$ die Komponenten:

(42) $\qquad \begin{aligned} \dfrac{T_1 l_1}{Mc\omega^2} &= \dfrac{M i_1{}^2 l_1}{Mc\omega^2} = \dfrac{i_1{}^2}{c}\cdot l_{r1} \\ \dfrac{T_2 l_2}{Mc\omega^2} &= \phantom{\dfrac{M i_1{}^2 l_1}{Mc\omega^2} =\ } \dfrac{i_2{}^2}{c}\cdot l_{r2} \\ \dfrac{T_3 l_3}{Mc\omega^2} &= \phantom{\dfrac{M i_1{}^2 l_1}{Mc\omega^2} =\ } \dfrac{i_3{}^2}{c}\cdot l_{r3}, \end{aligned} \Bigg\}$

die aus den Komponenten von $c\,\mathfrak{l}_r$ sofort gerechnet werden können.

41. Konstruktion von $\mathfrak{D}$ und $\mathfrak{Z}$.

Wir lassen die XYZ-Achsen unserer Abb. (36) zusammenfallen mit den Schwerpunkts-Hauptachsen.

Gegeben sind die Trägheitsradien $i_1\, i_2\, i_3$ und die Vektoren $c\,\mathfrak{u} = c\,\dfrac{\mathfrak{w}}{\omega}$ und $c\,\mathfrak{l}_r = c\,\dfrac{\mathfrak{l}}{\omega^2}$. Auf der in S errichteten Normalen N zur Umlegung $[u]$

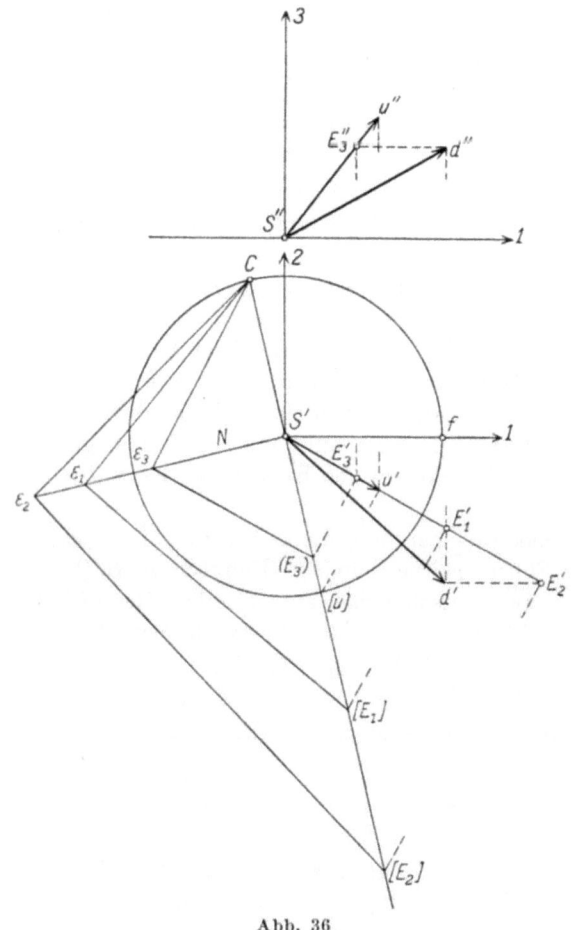

Abb. 36

von u trägt man von S' die Längen $i_1\, i_2\, i_3$ auf (das gibt die Punkte $\varepsilon_1\, \varepsilon_2\, \varepsilon_3$) und zieht die Normalstrahlen zu $C\varepsilon_1$, $C\varepsilon_2$, $C\varepsilon_3$; sie schneiden $[u]$ in den Umlegungen der Punkte $E_1\, E_2\, E_3$. Die Normale zur Achse 1 durch E_1' schneidet die Normale durch E_2' zur Achse 2 in d', ferner schneidet die Normale durch E_3'' zur Achse 3 den durch d' gelegten Projektionsstrahl in d''; durch $S'd'$ und $S''d''$ ist bereits Grund- und Aufriß des reduzierten Drallvektors $\mathfrak{b}$ dargestellt.

Die Form der Gleichungen (42) für die Komponenten von $\dfrac{\mathfrak{z}}{M c \omega^2}$ läßt erkennen, daß auch dieser Vektor durch eine der eben beschriebenen Konstruktion ähnliche gewonnen werden kann; man hat nur anstatt der Punkte $E_1 E_2 E_3$ die Punkte $F_1 F_2 F_3$ auf $c\, l_r$ zu benutzen, für welche

$$\overline{SF_1} = \frac{i_1^2}{c} l_r, \qquad \overline{SF_2} = \frac{i_2^2}{c} l_r, \qquad \overline{SF_3} = \frac{i_3^2}{c} l_r.$$

Dann erhält man in $S'Z'$, $S''Z''$ Grund- und Aufriß des Vektors $\dfrac{\mathfrak{z}}{M c \omega^2}$.

42. Ermittlung der Beschleunigungen aus den eingeprägten Kräften.

Ein starrer Körper, dessen dynamische Eigenschaften durch seine Masse M, den Schwerpunkt S und durch die Haupträgheitsmomente für den Schwerpunkt (bzw. durch die ihnen entsprechenden Trägheitshalbmesser $i_1\, i_2\, i_3$) gegeben seien, werde in den Punkten $A\, B$ in Raumkurven geführt, von denen die Tangenten und Krümmungsmittelpunkte ($\Omega_A\, \Omega_B$) bekannt sind, während ein dritter Punkt C, der nicht auf der Geraden AB liegt, auf einer Fläche geführt wird, deren Normale und Krümmungsverhältnisse gegeben sind. (Letztere seien durch die beiden Hauptkrümmungshalbmesser im Punkte C festgelegt.)

Im Punkte D wirke auf den Körper eine Kraft $\mathfrak{P}$ ein; zu bestimmen sind:

    a) der hiedurch hervorgerufene Beschleunigungszustand;
    b) die Führungsdrücke in den Punkten A, B, C.

Werden zwei verschiedene, zum gleichen Geschwindigkeitszustande gehörige Beschleunigungssysteme durch die Beschleunigungen

$$\begin{array}{cccc} \mathfrak{b}_A & \mathfrak{b}_B & \mathfrak{b}_S & \mathfrak{b}_C \\ \mathfrak{b}_A^1 & \mathfrak{b}_B^1 & \mathfrak{b}_S^1 & \mathfrak{b}_C^1 \end{array}$$

gekennzeichnet, so bestehen nach Ziff. 26 folgende Gleichungen:

$$(43) \qquad \begin{cases} \mathfrak{b}_A^1 = \mathfrak{b}_A + \lambda\, \mathfrak{v}_A \\ \mathfrak{b}_B^1 = \mathfrak{b}_B + \lambda\, \mathfrak{v}_B \\ \mathfrak{b}_S^1 = \mathfrak{b}_S + \lambda\, \mathfrak{v}_S. \end{cases}$$

Es liegt nun die Aufgabe vor, jenen Wert für λ aufzusuchen, der gerade den durch $\mathfrak{P}$ erzeugten Beschleunigungszustand des zwangläufig geführten Körpers liefert; dieser sei durch die Vektoren $\mathfrak{b}_A^*\, \mathfrak{b}_B^*\, \mathfrak{b}_S^* \ldots$ gekennzeichnet. Das reduzierte System der Beschleunigungsdrücke ist nach den Gleichungen (38) und (41) in Ziff. 40 dargestellt durch

$$\frac{\mathfrak{R}}{M\omega^2} = \frac{\mathfrak{b}_S}{\omega^2} = \mathfrak{h}_S$$

$$\frac{\mathfrak{M}}{M\omega^2} = \frac{\mathfrak{z}}{M\omega^2} + \frac{\mathfrak{w} \times \mathfrak{D}}{M\omega^2} = c\,\mathfrak{m},$$

wo $\mathfrak{h}_S$ und $\mathfrak{m}$ reine Strecken sind. Nach den Gleichungen (42) ist der Vektor $\mathfrak{Z}$ abhängig von der Winkelbeschleunigung $\mathfrak{l}$ und es gelten für zusammengehörige Vektoren $(\mathfrak{l}\,\mathfrak{h}_S)$ bzw. $(\mathfrak{l}^1\,\mathfrak{h}_S{}^1)$ die Bedingungen

$$\mathfrak{l}^1 = \mathfrak{l} + \lambda \mathfrak{w}$$
$$\mathfrak{h}_S{}^1 = \mathfrak{h}_S + \lambda \mathfrak{v}_S.$$

Nach dem d'Alembert'schen Prinzipe bildet das System der reduzierten Trägheitskräfte $(-\mathfrak{h}_S{}^1, -\mathfrak{m}^1)$ mit der reduzierten Kraft $\mathfrak{p} = \dfrac{\mathfrak{P}}{M\omega^2}$ und mit den reduzierten Führungsdrücken in ABC ein Gleichgewichtssystem.

Eine von den unbekannten Reaktionen unabhängige Gleichgewichtsgleichung erhalten wir durch Vornahme einer virtuellen Schraubung um die momentane Schraubenachse $\mathfrak{K}$, die durch die Art der Führung des Körpers bestimmt ist, und durch Nullsetzen der virtuellen Leistung des vorhin angeführten Kräftesystems.

Als Winkelgeschwindigkeit der virtuellen Schraubung wählen wir wieder den Vektor $\mathfrak{u} = \dfrac{\mathfrak{w}}{\omega}$, die Geschwindigkeiten der Systempunkte ergeben sich, falls die Länge von $\mathfrak{u}$ gleich der Abbildungskonstanten c gemacht wird, als reduzierte Geschwindigkeiten, das heißt als reine Strecken. Die folgenden Konstruktionen sind daher von der Größe der wirklichen Winkelgeschwindigkeit $\mathfrak{w}$ unabhängig. Die Bedingungsgleichung für das Verschwinden der virtuellen Leistung lautet:

$$\mathfrak{p} \cdot \mathfrak{f}_D - \mathfrak{h}_S{}^* \cdot \mathfrak{f}_S - c\,\mathfrak{m}^* \cdot \mathfrak{u} = 0.$$

Mit Einführung des dimensionslosen Wertes $\lambda^* = \dfrac{\lambda}{\omega}$ folgt zunächst

$$\mathfrak{h}_S{}^* = \mathfrak{h}_S + \lambda^* \mathfrak{f}_S$$
$$\frac{\mathfrak{l}^*}{\omega^2} = \frac{\mathfrak{l}}{\omega^2} + \lambda^* \mathfrak{u}, \text{ d. h.: } \mathfrak{l}_r{}^* = \mathfrak{l}_r + \lambda^* \mathfrak{u}$$

und hiemit zufolge $(\mathfrak{w} \times \mathfrak{D}) \cdot \mathfrak{u} = 0$:

$$\mathfrak{p} \cdot \mathfrak{f}_D - (\mathfrak{h}_S + \lambda^* \mathfrak{f}_S) \cdot \mathfrak{f}_S - \frac{1}{M\omega^2}\, \mathfrak{Z}^* \cdot \mathfrak{u} = 0.$$

Hierin ist für das letzte Glied nach den Gleichungen (42) zu setzen:

$$\frac{\mathfrak{Z}^* \cdot \mathfrak{u}}{M\omega^2} = i_1{}^2 (l_{r,1} + \lambda^* u_1) u_1 + i_2{}^2 (l_{r,2} + \lambda^* u_2) u_2 + i_3{}^2 (l_{r,3} + \lambda^* u_3) u_3,$$

wobei $u_1\, u_2\, u_3$ die Komponenten von $\mathfrak{u}$ in den Richtungen der Hauptachsen $(1, 2, 3)$ bedeuten.

Die Auflösung nach λ^* liefert sodann:

$$\lambda^* = \frac{\mathfrak{p} \cdot \mathfrak{f}_D - \mathfrak{h}_S \cdot \mathfrak{f}_S - [i_1{}^2 l_{r,1} u_1 + i_2{}^2 l_{r,2} u_2 + i_3{}^2 l_{r,3} u_3]}{\mathfrak{f}_S \cdot \mathfrak{f}_S + [i_1{}^2 u_1{}^2 + i_2{}^2 u_2{}^2 + i_3{}^2 u_3{}^2]}. \tag{44}$$

Die reduzierten Beschleunigungen sind nun bestimmt durch die Beziehungen:

(45)
$$\begin{aligned}\mathfrak{h}_A^* &= \mathfrak{h}_A + \lambda^*\mathfrak{f}_A \\ \mathfrak{h}_B^* &= \mathfrak{h}_B + \lambda^*\mathfrak{f}_B \\ \mathfrak{h}_C^* &= \mathfrak{h}_C + \lambda^*\mathfrak{f}_C \\ \mathfrak{h}_S^* &= \mathfrak{h}_S + \lambda^*\mathfrak{f}_S. \end{aligned}$$

Die wirklichen Beschleunigungen ergeben sich durch Multiplikation mit ω^2. Die in der Gleichung (44) enthaltenen Vektoren und deren innere Produkte können nach den früher gezeigten Verfahren konstruiert werden. Um den Klammerausdruck im Zähler zu finden, schreiben wir ihn in der Form

$$\left(\frac{i_1^2}{c}\right) u_1 \cdot (c\, l_{r1}) + \left(\frac{i_2^2}{c}\right) u_2 (c\, l_{r,2}) + \left(\frac{i_3^2}{c}\right) u_3 (c\, l_{r,3}).$$

Hierin stellt $\left(\frac{i_1^2}{c}\right) u_1$ die Projektion der auf $\mathfrak{u}$ aufgetragenen Strecke $SE_1 = \frac{i_1^2}{c}$ auf die Achse 1 dar; wir bezeichnen sie mit $(SE_1)_1$. Ebenso ist $\left(\frac{i_2^2}{c}\right) u_2 = (SE_2)_2$ und $\left(\frac{i_3^2}{c}\right) u_3 = (SE_3)_3$. Die Faktoren $c\, l_{r1}\ldots$ sind die Projektionen des Vektors der reduzierten Winkelbeschleunigung $c\,\mathfrak{l}_r$ auf die Hauptachsen. Alle diese Längen können, sobald $\mathfrak{u}$ und $c\,\mathfrak{l}_r$ einmal konstruiert worden sind, sofort aus der Zeichnung entnommen werden. Der Klammerausdruck im Nenner der Gleichung (44) kann hienach ersetzt werden durch

$$c\,[(SE_1)_1 u_1 + (SE_2)_2 u_2 + (SE_3)_3 u_3],$$

es ist daher auch dieser Wert an der Hand der Zeichnung zu bestimmen. Der ganze Nenner in Gleichung (44) bedeutet die doppelte reduzierte kinetische Energie des Körpers, denn erweitert man mit $M\omega^2$, so entsteht

$$2\left[\frac{M v_s^2}{2} + \frac{1}{2}(T_1 \omega_1^2 + T_2 \omega_2^2 + T_3 \omega_3^2)\right],$$

das ist der bekannte Ausdruck für die kinetische Energie der Schraubenbewegung.

In der Abb. 37 (a—e) ist die Konstruktion des Beschleunigungszustandes des Körpers $ABCD$ gezeigt, auf den im Punkte D eine reduzierte Kraft $\mathfrak{p}$ wirkt und der in den Punkten AB auf beliebigen Kurven, in C auf einer Fläche geführt ist.

43. Erläuterung der Konstruktionen in Abb. 37, Tafel IV.

Der Körper wird in solcher Lage im Grund- und Aufriß dargestellt, daß die Hauptachsen seines Schwerpunktes S mit den XYZ-Achsen unserer Abbildung zusammenfallen.

Die Dreipunktführung

Vorerst wurde nach den Angaben in Ziff. 31 mit Hilfe der in Abb. 31 gezeigten Konstruktion die Achse dieser zwangläufigen Schraubenbewegung konstruiert, indem mit einer willkürlichen Annahme der Größe von $\mathfrak{v}_A$ der Antipol e_ω, das Bild ω der Schraubenachse als Antipolare von e_ω und der Spurpunkt g_ω bestimmt wurden; die Länge u des reduzierten Drehvektors $\mathfrak{u}$ ist gleich der Abbildungskonstanten c, die in der Originalzeichnung mit 3,5 cm angenommen wurde. Von der reduzierten Geschwindigkeit $\mathfrak{f}_A = \mathfrak{f} + \mathfrak{u} \times \mathfrak{a}$, wo $\mathfrak{a} = \overrightarrow{g_\omega A}$, läßt sich der Drehanteil $\mathfrak{u} \times \mathfrak{a}$ durch Aufsuchung des Hilfspunktes m_1 konstruieren, da aber auch das Bild f_A bekannt ist, so ist damit die Schiebungsgeschwindigkeit $\mathfrak{f}$ und die Bildlänge f_A bestimmt. Die reduzierten Geschwindigkeiten der übrigen Punkte $BCDS$ sind durch Zeichnung eines Geschwindigkeitsplanes (Abb. 37 c) zu gewinnen.

Nimmt man nun eine bei diesem Geschwindigkeitszustande mögliche Beschleunigung des Punktes A an, so ist zu beachten, daß der Endpunkt a_1 des in A angesetzten zugehörigen Vektors der reduzierten Beschleunigung $\mathfrak{h}_A$ gemäß Satz XXV auf jener Parallelen zu $\mathfrak{f}_A$ liegen muß, die durch den Endpunkt der Normalbeschleunigung $\mathfrak{h}_{A,1}$ von A gelegt wird. Man erhält $\mathfrak{h}_{A1}$ mit Hilfe der Normalen $(N_A)\, a_1$ zu $a_1 \Omega_A$, so daß $\overrightarrow{(N_A)\, A} = \mathfrak{h}_{A1} = \dfrac{f_A^2}{A \Omega_A}$. Aus $\mathfrak{h}_A = \overrightarrow{A\, a_1}$ ist die reduzierte Beschleunigung des Punktes B nach Ziff. 28 zu konstruieren, wobei zunächst der Hilfsvektor $\mathfrak{r} = \mathfrak{h}_A + \mathfrak{h}_{BA,1} - \mathfrak{h}_{B,1}$ zu ermitteln ist. Die Konstruktion von $\mathfrak{h}_{BA,1}$ wird hier gegenüber jener in Abb. 29 einfacher, weil anstatt des wirklichen Drehvektors $\mathfrak{w}$ der reduzierte Vektor $\mathfrak{u}$ zu nehmen ist, so daß $\mathfrak{h}_{BA,1}$ übereinstimmt mit dem Lote von B auf die durch A gelegte Drehachse; das Bild des Lotes ist die Gerade $e_\omega\, e^{AB}$, wo e^{AB} den Antipol des schon bekannten Bildes f_{AB} bezeichnet. Da alle relativen Geschwindigkeiten der Systempunkte normal sind zur Achse $\mathfrak{w}$, so liegen deren Antipole e^{AB}, e^{AC}... auf dem Bilde ω. Nach Vornahme der durch die Gleichung $\mathfrak{r} = \mathfrak{h}_{B,2} - \mathfrak{h}_{BA,2}$ verlangten Zerlegung von $\mathfrak{r}$ in die angegebenen Beschleunigungsteile liefert die geometrische Zusammensetzung von $\mathfrak{h}_{B,1}$ und $\mathfrak{h}_{B,2}$ im Beschleunigungsplane (Abb. 37e) die reduzierte Beschleunigung $\mathfrak{h}_B$. Die Abb. 37d zeigt die nun durchzuführende Konstruktion von $\mathfrak{h}_C$ aus $\mathfrak{h}_A$ und $\mathfrak{h}_B$. Von dem in der Bildebene angenommenen Beschleunigungsnullpunkt π wurden die Vektoren $\overrightarrow{\mathfrak{h}_A} = \pi\, \alpha$, $\overrightarrow{\mathfrak{h}_B} = \pi\, \beta$ aufgetragen (und zwar bezüglich des Beschleunigungsplanes (e) auf die Hälfte verkleinert). In den senkrechten Abständen des Punktes C von den durch A und B gelegten Parallelen zur Drehachse erhält man die relativen Normalbeschleunigungen $\mathfrak{h}_{CA,1}$ und $\mathfrak{h}_{CB,1}$. Macht man

$$\alpha\, \overrightarrow{[\gamma]} = \mathfrak{h}_{CA,1}; \qquad \beta\, \overrightarrow{(\gamma)} = \mathfrak{h}_{CB,1}$$

und legt durch [γ] eine Normalebene E zu AB, durch (γ) eine Normalebene H zu BC, so gibt deren Schnittlinie L einen geometrischen Ort für den Beschleunigungspunkt γ von C. Konstruiert man ferner die Normalbeschleunigung

$$\frac{f_C^2}{C\Omega_C} = \overrightarrow{(N_C)\,C}$$

für den durch f_C gelegten Hauptschnitt der Führungsfläche von C mit Hilfe der Normalen $(N_C)\,c_1$ zu $c_1\Omega_C$ in Abb. 37 (a), — wo $C\Omega_C$ die gegebene Hauptnormale der Führungsfläche, Ω_C den Krümmungsmittelpunkt des zu f_C gehörigen Hauptschnittes darstellt, — macht $(N_C)\,C = \pi\gamma_0$ (wieder auf die Hälfte verkleinert) und legt durch γ_0 die Normalebene Γ zu $\pi\gamma_0$, so ist diese nach Ziff. 32 auch ein Ort für den Beschleunigungspunkt γ, der somit als Durchstoßpunkt von Γ mit L gewonnen wird.

Nun ist aus den Beschleunigungen der Punkte ABC der Vektor $c\,\mathfrak{l}_r = c\,\dfrac{l}{\omega^2}$ der reduzierten Winkelbeschleunigung zu bestimmen. Sein Bild ist die Verbindungslinie der Antipole e_1 und e_2 von $h_{BA,2}$ und $h_{CA,2}$; hiebei ist das Bild $h_{CA,2}$ aus der Abb. (a) zu ermitteln, wo im Auf- und Grundrisse der Vektor $\mathfrak{h}_{CA,2} = \mathfrak{h}_C - \mathfrak{h}_A - \mathfrak{h}_{CA,1}$ dargestellt wird.

Die Beziehung $\mathfrak{h}_{BA,2} = \dfrac{l}{\omega^2} \times \overrightarrow{AB} = \overrightarrow{BA} \times \mathfrak{l}_r$ gestattet, da $\mathfrak{h}_{BA,2}$ und das Bild von $\mathfrak{l}_r$ bereits bekannt sind, die Bestimmung der Größe von $c\,\mathfrak{l}_r$; sie erfolgt nach der in Ziff. 8 (a) gezeigten einfachen Konstruktion, wobei die Spurpunkte $g_{A,2}$, $g_{B,2}$ der durch A und B zu $c\,\mathfrak{l}_r$ gelegten Parallelen, ferner der Hilfspunkt m_2 und der Antipol e_l von $c\,\mathfrak{l}_r$ gebraucht wurden. Die Konstruktion ist in Abb. (b) durchgeführt, wo

$$\overline{OH} = \tfrac{1}{2} h_{BA,2}, \quad Om_2 \perp Og_{A,2}, \quad Hm_2 \perp Og_{B,2}, \quad m_2 n \perp g_{A,2}\,e_l.$$

Hiemit wird die Bildlänge von $c\,\mathfrak{l}_r$ gleich $2.\overline{On}$.

Die reduzierte Schwerpunktbeschleunigung $\mathfrak{h}_S$ bestimmt sich aus

$$\mathfrak{h}_S = \mathfrak{h}_A + \mathfrak{h}_{SA,1} + \mathfrak{h}_{SA,2},$$

worin $\mathfrak{h}_{SA,1}$ als Länge des Lotes aus S auf die durch A gelegte Parallele zu $\mathfrak{w}$, $\mathfrak{h}_{SA,2} = \overrightarrow{SA} \times \mathfrak{l}_r$ als statisches Moment des bekannten, in A angesetzten Vektors $c\,\mathfrak{l}_r$ um S zu ermitteln ist. Diese Teile sind im Beschleunigungsplane (e) eingetragen und dort mit h_A zu h_S zusammengefügt; ein Seileck zu diesen drei Teilen liefert das Bild h_S.

Der schließlichen Ermittlung der Zahl λ^* wurden folgende Angaben zugrunde gelegt:

$$\frac{i_1^2}{c} = \overline{SE_1} = 2{,}7\text{ cm}, \quad \frac{i_2^2}{c} = \overline{SE_2} = 5\text{ cm}, \quad \frac{i_3^2}{c} = \overline{SE_3} = 9\text{ cm}.$$

Die Dreipunktführung

Für die inneren Produkte in Gleichung (44) ergab sich nach Ziff. (4):

$$\mathfrak{p}\cdot\mathfrak{f}_D = -\frac{2{,}72\cdot 3{,}9\cdot 2{,}5}{3{,}5} = -7{,}6\text{ cm}^2 \text{ (mit Hilfe des Bildpunktes } \overline{p})$$

$$\mathfrak{h}_S\cdot\mathfrak{f}_S = +\frac{4{,}8\cdot 2{,}37\cdot 5{,}67}{3{,}5} = +18{,}4\text{ cm}^2 \text{ (,, \quad ,, \quad ,, \quad ,, \quad } \overline{f_S})$$

$$\mathfrak{f}_S\cdot\mathfrak{f}_S = +\frac{5{,}67\cdot 4{,}9\cdot 7{,}05}{3{,}5} = +56{,}0\text{ cm}^2 \text{ (,, \quad ,, \quad ,, \quad ,, \quad } \overline{f_S}).$$

Die Komponenten des Einheitsvektors u nach den Richtungen der Hauptachsen im Schwerpunkte — die in die XYZ-Achsen der Abb. 37 (a) fallen — betragen $u_1 = 0{,}84$, $u_2 = 0{,}49$, $u_3 = -0{,}25$, jene des reduzierten Vektors $c\,\mathfrak{l}_r$ der Winkelbeschleunigung

$$c\,l_{r1} = -1{,}7, \quad c\,l_{r2} = -1{,}78, \quad c\,l_{r3} = -4{,}42.$$

Hiemit ergibt sich

$$(SE_1)_1 = 2{,}27\text{ cm}, \quad (SE_2)_2 = 2{,}45\text{ cm}, \quad (SE_3)_3 = -2{,}25\text{ cm}$$

und schließlich

$$\lambda^* = \frac{-7{,}6 - 18{,}4 - 1{,}7}{56{,}0 + 12{,}8} = -0{,}4.$$

Der endgültige reduzierte Vektor der Beschleunigung des Schwerpunktes ist durch
$$\mathfrak{h}^*_S = \mathfrak{h}_S + \lambda^*\,\mathfrak{f}_S$$
und jener der reduzierten Winkelbeschleunigung durch

$$c\,\mathfrak{l}^*_r = c\,\mathfrak{l}_r + c\,\lambda^*\,\mathfrak{u}$$

bestimmt. Durch diese beiden Vektoren ist nun der gesuchte reduzierte Beschleunigungszustand vollständig festgelegt.

44. Konstruktion der Führungsdrücke (Abb. 38, Tafel V).

Nach dem d'Alembert'schen Prinzipe bildet das System der reduzierten Trägheitskräfte, das ist die Dyade $-\mathfrak{h}^*_S$, $-\mathfrak{m}^*$ mit der reduzierten Kraft $\mathfrak{p} = \dfrac{\mathfrak{P}}{M\omega^2}$ und mit den reduzierten Führungsdrücken $\mathfrak{d}_A$, $\mathfrak{d}_B$, $\mathfrak{d}_C$ ein Gleichgewichtssystem. Der Vektor $\mathfrak{h}^*_S$ ist bereits bekannt. Zur Ermittlung des durch Gleichung (41) definierten Vektors $\mathfrak{m}^*$ bedarf es zunächst der Konstruktion des reduzierten Drallvektors $\mathfrak{d}$, die nach den Angaben in Ziff. 41 mit Benützung der Hilfspunkte $E_1\,E_2\,E_3$ erfolgt; durch $O'\,d'$ und $O'\,d''$ sind in Abb. 38 dessen Projektionen dargestellt. Die Komponenten des Vektors $\mathfrak{m}_1 = \dfrac{\mathfrak{З}}{Mc\omega^2}$ werden entweder nach Ziff. 41 konstruiert oder aus den Gleichungen (42) gerechnet. Konstruiert man dann $\dfrac{\mathfrak{w}\times\mathfrak{D}}{Mc\omega^2} = \mathfrak{u}\times\mathfrak{d}$, wobei der Spurpunkt g_d der durch die Spitze von $\mathfrak{u}$ gelegten Parallelen zu $\mathfrak{d}$ und der Antipol e_d von d benutzt wird $(d'\,m'_2 \perp g_d\,e_d)$, so ist in $\mathfrak{m}^* = \mathfrak{m}_1 + \mathfrak{m}_2$ das reduzierte Moment der Beschleunigungsdrücke des um S rotierenden Körpers erhalten.

Die Wirkungslinie des Führungsdruckes in C ist gegeben, sie fällt in die Normale der Führungsfläche des Punktes C. Setzen wir für das oben angegebene, im Gleichgewicht befindliche räumliche Kraftsystem die Summe der Momente um die Achse AB gleich Null, so gestattet diese Bedingung die Konstruktion der Größe von $\mathfrak{d}_c$, da die beiden anderen Führungsdrücke keine Momentenbeiträge um AB liefern. Es muß demnach das Moment des reduzierten Druckes $\mathfrak{d}_c$ um die Achse AB gleich sein der Projektion der geometrischen Summe $\mathfrak{m}_1 + \mathfrak{m}_2$ auf AB, vermehrt um die Summe der Momente von $\mathfrak{h}^*_S$ und $-\mathfrak{p}$ um AB.

Dieses Gesamtmoment $\mathfrak{m}_I$ um die Achse AB wird erhalten, indem vorerst die Momente der Kräfte $\mathfrak{h}^*_S$ und $-\mathfrak{p}$ um den Spurpunkt g_{AB} der Achse AB konstruiert werden (sie sind in Abb. 38 mit $\mathfrak{m}_h$ und $-\mathfrak{m}_P$ bezeichnet) und sodann der Summenvektor $\mathfrak{m}_r = \mathfrak{m}_1 + \mathfrak{m}_2 + \mathfrak{m}_h - \mathfrak{m}_P$, dessen Bild und Bildlänge mit Hilfe eines Kraft- und Seileckes bestimmt wird, in zwei Teile $\mathfrak{m}_I$ und $\mathfrak{m}_{II}$ parallel und normal zur Achse AB aufgelöst wird; das Bild von $\mathfrak{m}_I$ fällt mit jenem von AB zusammen, jenes von $\mathfrak{m}_{II}$ muß den Antipol e_{AB} und den Schnittpunkt s der Bilder $\mathfrak{m}_r$ und $\mathfrak{m}_1$ enthalten. Mit $\mathfrak{m}_I$ ist sonach das Moment des Druckes $\mathfrak{d}_c$ um die Achse AB gegeben und es ist $\mathfrak{m}_I$ die Projektion des Momentes $\mathfrak{m}_c$ von $\mathfrak{d}_c$ um den Punkt g_{AB} auf die Achse AB. Zeichnet man daher noch das Bild $m_c \perp g_c g_{AB}$ durch e_c, verbindet den Schnittpunkt der Bilder m_c und m_I mit e_{AB} und zieht hiezu durch m'_I die Parallele, so schneidet sie $O m'_c$ im Punkte m'_c. Da man nun das Moment des Führungsdruckes $\mathfrak{d}_c$ um g_{AB} kennt, so ist die Größe des Führungsdruckes nach Ziff. 8 (a) leicht zu konstruieren.

Die Konstruktion der Führungsdrücke $\mathfrak{d}_A$ und $\mathfrak{d}_B$ kann dann nach einer der in Ziff. 39 beschriebenen Konstruktionen erfolgen, da das Raumkraftsystem, dem diese beiden Drücke Gleichgewicht halten sollen, bekannt ist.

V. Die sphärische Bewegung.

Das in den vorstehenden Abschnitten benützte Abbildungsverfahren kann auch zur graphischen Darstellung der Kinematik der sphärischen Bewegung mit Vorteil verwendet werden. Hiebei erfahren die Konstruktionen dadurch, daß ein Punkt des Körpers bei dieser Bewegung festgehalten wird, der dann den Beschleunigungspol der Bewegung bildet, einige Vereinfachungen, die im Folgenden kurz angeführt werden sollen.

45. Geschwindigkeitszustand.

Die sphärische Bewegung entsteht durch Drehung des starren Körpers um einen festen Punkt; für ein Zeitelement ist sie bestimmt durch den Drehvektor $\mathfrak{w}$, der im festen Punkt O angesetzt, die Lage der momentanen Drehachse gibt. Hat man daher den festen Punkt O

gegeben und den Vektor $\mathfrak{w}$, so läßt sich hiemit der Geschwindigkeitszustand beschreiben.

Sei $\mathfrak{p}$ der von g_ω — dem in der Bildebene liegenden Spurpunkte der Drehachse — aus gemessene Ortsvektor zu einem beliebigen Punkt P des Körpers, so ist seine Geschwindigkeit

$$\mathfrak{v}_P = \mathfrak{w} \times \mathfrak{p}$$

und seine reduzierte Geschwindigkeit

$$\mathfrak{f}_P = \mathfrak{u} \times \mathfrak{p}.$$

Diese ist demnach als statisches Moment des in der Drehachse gelegenen Einheitsvektors $\mathfrak{u}$ um den Punkt P zu konstruieren (Ziff. 7).

Zweckmäßig wird man den festen Punkt O in die Bildebene legen, so daß O und g_ω zusammenfallen. Die Figur der Geschwindigkeitspunkte $p\,q\,r\ldots$ stellt im Vereine mit dem Antipole e_ω, in dem sich die Bilder der Geschwindigkeiten aller Systempunkte schneiden müssen, den Geschwindigkeitsplan der sphärischen Bewegung dar.

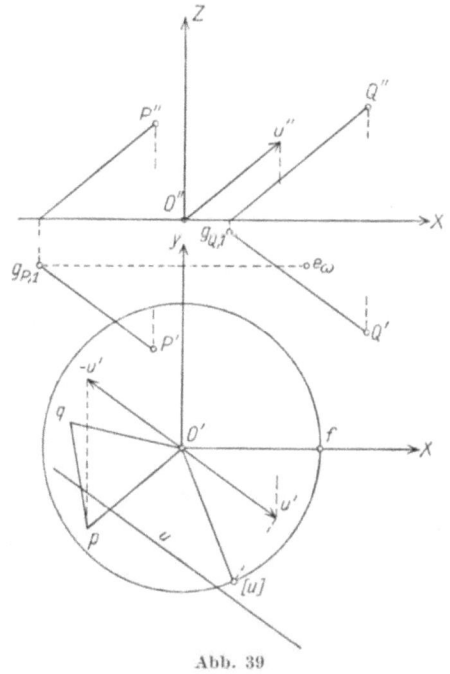

Abb. 39

Da der Ähnlichkeitssatz XIII auch hier seine Gültigkeit behält, so kann die Geschwindigkeit eines Punktes Q aus der bereits konstruierten Geschwindigkeit von P leicht gefunden werden: der Geschwindigkeitspunkt q ergibt sich als Schnitt der Geraden $pq \perp g_{P1}g_{Q1}$ und $O'q \perp O'g_{Q1}$ (Abb. 39). Steht der Drehvektor $\mathfrak{w}$ senkrecht auf der Bildebene, so liefert die angegebene Konstruktion den bekannten Geschwindigkeitsplan für die ebene Systembewegung in der Bildebene um den Drehpol O'. Die Bilder der Geschwindigkeiten schneiden sich dann in O', da bei dieser besonderen Lage von $\mathfrak{w}$ die Punkte e_ω und O' zusammenfallen.

46. Beschleunigungszustand.

Werden die Systempunkte $B, D\ldots$ durch die auf den festen Drehpunkt als Aufpunkt bezogenen Ortsvektoren $\mathfrak{r}_B, \mathfrak{r}_D\ldots$ festgelegt, so sind deren Beschleunigungen:

$$\mathfrak{b}_B = \mathfrak{w} \times \mathfrak{w} \times \mathfrak{r}_B + \mathfrak{l} \times \mathfrak{r}_B,$$
$$\mathfrak{b}_D = \mathfrak{w} \times \mathfrak{w} \times \mathfrak{r}_D + \mathfrak{l} \times \mathfrak{r}_D,$$

denn der Drehpunkt, der wieder in die Bildebene gelegt wird, ist der Beschleunigungspol. Es ist also der Beschleunigungszustand durch den Drehvektor $\mathfrak{w}$ und durch den Vektor $\mathfrak{l}$ der Winkelbeschleunigung bestimmt. Für die reduzierte Beschleunigung von B erhält man:

$$\mathfrak{h}_B = \mathfrak{u} \times \mathfrak{u} \times \mathfrak{r}_B + \mathfrak{l}_r \times \mathfrak{r}_B = \mathfrak{h}_{B,1} + \mathfrak{h}_{B,2}.$$

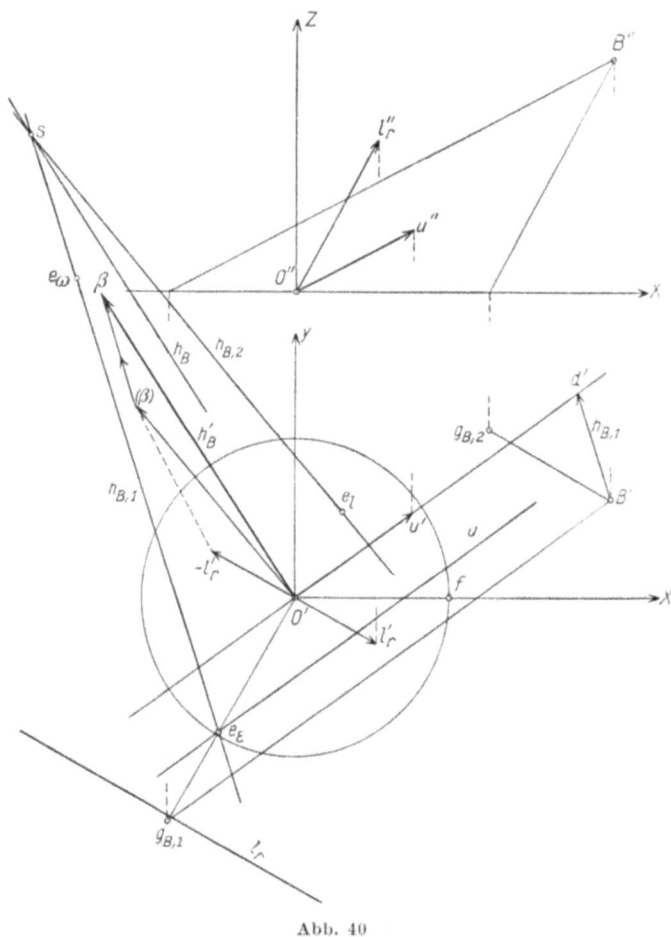

Abb. 40

Um das Bild der reduzierten Zentripetalbeschleunigung $\mathfrak{h}_{P,1}$ zu erhalten, bestimmen wir (vgl. Ziff. 20) den Spurpunkt g_{B1} der durch B gezogenen Parallelen zur Drehachse (Abb. 40); dann liefert der Schnittpunkt der Geraden $O' g_{B1}$ mit dem Bilde u den Abbildungspunkt e_ε der Ebene $\varepsilon \equiv B O' \mathfrak{u}$ und es ist in der Geraden $e_\varepsilon e_\omega$ das Bild $h_{B,1}$ gefunden. Die durch B' hiezu gezogene Parallele schneidet auf u' den

Grundriß d' des Fußpunktes der Normalen aus B auf die Drehachse aus; somit ist die Bildlänge der Zentripetalbeschleunigung $h_{B,1} = \overline{B' d'}$.

Der zweite Beschleunigungsteil $\mathfrak{h}_{B,2} = \mathfrak{l}_r \times \mathfrak{r}_B = \mathfrak{r}_B \times (-\mathfrak{l}_r)$ ist als statisches Moment des in B angesetzten Vektors $(-\mathfrak{l}_r)$ um den Ursprung O nach Ziff. 2 zu konstruieren.

Ist $g_{B,2}$ der Spurpunkt dieses Vektors, so erhält man das Bild $h_{B,2}$ als Normale zu $O' g_{B2}$ durch e_l. Die Bildlänge $O'(\beta)$ ergibt sich, indem man die Senkrechte durch den Punkt $(-l'_r)$ zu $g_{B2} e_l$ mit der Senkrechten durch O' zu $O' g_{B2}$ in (β) zum Schnitte bringt. Macht man endlich $(\beta) \beta \not\Vdash B' d'$, so ist in $\overline{O' \beta}$ die Bildlänge von $\mathfrak{h}_B$ gefunden; die Parallele hiezu durch den Schnittpunkt s der Bilder h_{B1} und h_{B2} gibt das gesuchte Bild h_B.

Eine besondere Vereinfachung tritt dann ein, wenn $\mathfrak{w}$ senkrecht steht auf der Bildebene; dann entfällt die Konstruktion des Vektors $\mathfrak{h}_{B1}$, weil dessen Bild und Bildlänge bereits durch $\overline{B' O'}$ gegeben ist.

VI. Die zwangläufige sphärische Bewegung.

Der sphärischen Bewegung entspricht der Freiheitsgrad 3, denn der Körper kann sich um jede durch den festen Punkt gelegte Achse drehen. Die Bahnen der Systempunkte liegen auf konzentrischen Kugelflächen mit dem Mittelpunkt im festen Punkt; sie sind sphärische Kurven. Werden zwei Systempunkte zur Bewegung auf gegebenen sphärischen Kurven gezwungen, dann büßt die Bewegung zwei Freiheitsgrade ein; es bleibt eine zwangläufige sphärische Bewegung. Die Bedingungen für das Zustandekommen des sphärischen Zwanglaufes können noch in mannigfach anderer Art gegeben werden, worauf hier nicht eingegangen werden soll. Es mögen nur drei in den technischen Anwendungen in Betracht kommende Sonderfälle kurz besprochen werden, und zwar die Kinematik des sphärischen Kurbelgetriebes, des Doppelkurbelgetriebes und der Taumelscheibe. Legt man durch das um O drehbare starre System einen Kugelschnitt mit dem Mittelpunkt O (der Halbmesser wird zweckmäßig $= 1$ gewählt), so genügt es, die Bewegung der Schnittfigur in der Kugeloberfläche zu untersuchen.

47. Das sphärische Kurbelgetriebe (Abb. 41).

Dieses besteht aus einem bei O starren Winkel AOB, der im Scheitel O um ein Kugelgelenk drehbar ist, während die Enden A und B der beiden gleichlangen Schenkel in Kreisen auf der Kugeloberfläche mit dem Mittelpunkte O und dem Halbmesser $OA = OB$ geführt werden.

Es liegt demnach eine sphärische Zweipunktführung vor. Die Konstruktion der Geschwindigkeit und Beschleunigung des Punktes B aus den gegebenen Vektoren $\mathfrak{v}_A$ und $\mathfrak{b}_A$ erfolgt nach dem in Ziff. 29 und 30 ausführlich besprochenen Verfahren. Zumeist bewegt sich der Punkt A gleichförmig in seiner Kreisbahn, so daß $\mathfrak{v}_A$ und $\mathfrak{b}_A$ dem Betrage nach konstant bleiben; es liefert die Konstruktion der in O angesetzten Geschwindigkeiten $\mathfrak{v}_B$ für alle einem Umlaufe des Punktes A entsprechenden Lagen von B den polaren Hodographen der Bewegung von B, der hier eine ebene Kurve ist; aus diesem können die Beschleunigungen in bekannter Weise entnommen werden, so daß dann die etwas umständlichere Beschleunigungskonstruktion nach Ziff. 30 entfallen kann. Die Vektoren $\mathfrak{w}$ und $\mathfrak{l}$ der sphärischen Zweipunktführung sind an den festen Punkt O gebunden. Die Konstruktion von $\mathfrak{v}_B$ und $\mathfrak{b}_B$ kann nach dem vorstehenden für jede beliebige Größe des starren Winkels durchgeführt werden, sie vereinfacht sich aber wesentlich, wenn — wie dies in den technischen Anwendungen fast ausnahmslos der Fall ist — der Öffnungswinkel ein rechter ist, und wenn der geschränkte Kurbeltrieb in den zentrischen sphärischen Kurbeltrieb übergeht, wobei der eine Führungskreis als Hauptkreis der Einheitskugel gewählt ist, in dessen Ebene der Mittelpunkt des zweiten Führungskreises liegt.

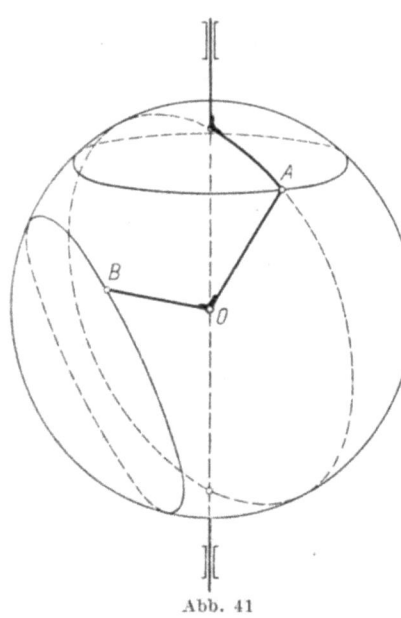

Abb. 41

Dieser Fall ist in Abb. 42 dargestellt; hiebei wird zweckmäßig die Ebene des Führungskreises des Punktes A parallel zur Bildebene angenommen, jene des Punktes B (Hauptkreis) zusammenfallend mit der Aufrißebene. Da bei dieser besonderen Annahme die Aufrisse der beiden Winkelschenkel immer aufeinander normal stehen, so sind die den aufeinanderfolgenden Lagen des Schenkels OA entsprechenden Lagen von OB einfach zu zeichnen. Das Getriebe ist in einer Zwischenlage OA_1B_1 gezeichnet.

Als Abbildungskreis wählen wir den Führungskreis von A, dessen Halbmesser als Maß für die Geschwindigkeit $\mathfrak{v}_A$ angenommen wurde. (OA_1 dreht sich dann mit der Winkelgeschwindigkeit „1" um O.)

Da die Geschwindigkeit $\mathfrak{v}_A$ parallel zur Bildebene liegt, so fällt deren Bild v_A in die Normale durch O' zu $O'A'_1$. Das Bild von $\mathfrak{v}_B$ ist parallel zu $O'B'_1$, weil $\mathfrak{v}_B$ in der Aufrißebene liegt; nun ist aber v_B''

Die zwangläufige sphärische Bewegung

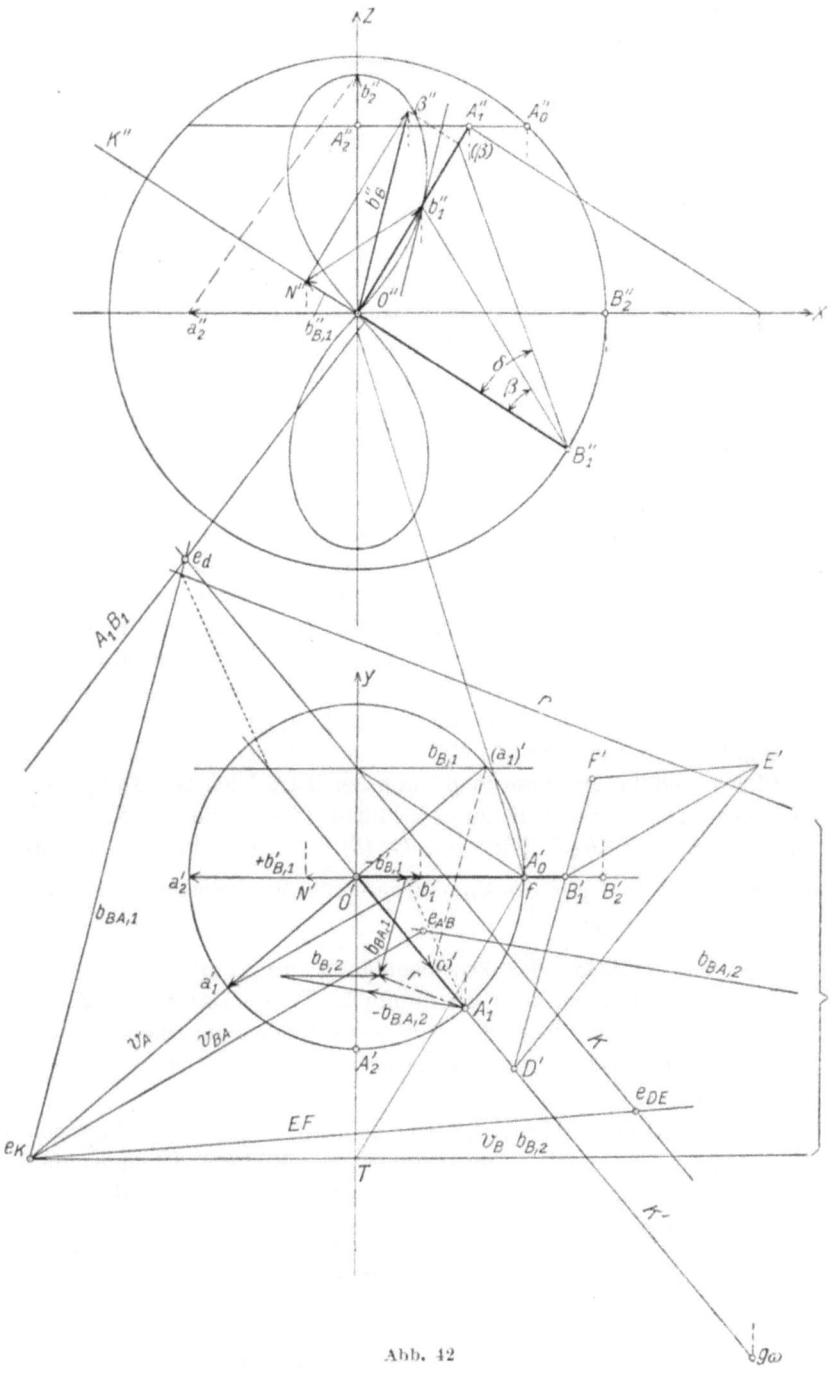

Abb. 42

parallel $O''A''_1$. Zieht man daher durch den Punkt f die Parallele zu $O''A''_1$ bis zum Schnitte T mit der Y-Achse und legt durch T die Parallele zu $O'B'_1$, so gibt diese das Bild v_B.

Konstruiert man ferner den Antipol e_{AB} (das Bild A_1B_1 ist parallel zu $A'_1B'_1$ und geht durch den Schnittpunkt der Y-Achse mit der durch f gezogenen Parallelen zu $A''_1B''_1$), so ist in $O'a'_1b'_1$ der Geschwindigkeitsplan gewonnen, wobei $a'_1b'_1 \parallel e_K e_{AB}$. Da sich B_1 in der Aufrißebene bewegt, so liefert $\overrightarrow{O''b''_1}$ den gesuchten Geschwindigkeitsvektor $\mathfrak{v}_B$. Läßt man den Geschwindigkeitspunkt a'_1 am Abbildungskreise einen Umlauf ausführen und konstruiert nach dem beschriebenen Verfahren die zugehörigen Vektoren $\mathfrak{v}_B$, so erfüllen die Punkte b'' den polaren Hodographen jener Bewegung des Punktes B, die einem gleichförmigen Umlaufe des Punktes A in seiner Zwangsbahn entspricht. Für die besondere Lage OA_2 des Stabes OA, in der sich sein Aufriß mit der Z-Achse deckt, versagt diese Konstruktion; der dieser Lage entsprechende Geschwindigkeitspunkt b''_2 wird nun einfach dadurch erhalten, daß man die Aufrißebene zur Bildebene wählt und die vorbeschriebene Konstruktion sinngemäß anwendet: Man zieht durch a_2'' die Normale zu $A''_2B''_2$ und erhält in derem Schnitte mit der Z-Achse den gesuchten Geschwindigkeitspunkt b''_2. Zieht man für die Getriebelage OA_1B_1 die Gerade b''_1B_1, so ist die Winkelgeschwindigkeit ω_B der Drehung des Schenkels OB_1 in seiner Führungsebene gleich $tg\,\beta$, wo $\beta = \sphericalangle b''_1B'_1O''$. Um die Winkelbeschleunigung l_B dieser Drehung zu erhalten, macht man $b''_1N'' \perp b''_1B''_1$, zieht in N'' die Parallele zu $O''b''_1$ und bringt diese in β'' mit der Parallelen zur Tangente an den polaren Hodographen zum Schnitte. Dann gibt $O''\beta''$ die Beschleunigung $\mathfrak{b}_B \equiv b_B''$. Wird nun $O''(\beta) \# N''\beta''$ gemacht, so ergibt sich zufolge $tg\,\delta = \dfrac{b_{tB}}{O''B''_1} = l_B$ die gesuchte Winkelbeschleunigung l_B, wo $\delta = \sphericalangle (\beta)\,B''_1O''$.

Die Konstruktion der Beschleunigung des Punktes B_1 läßt sich nach den Ausführungen über die räumliche Zweipunktführung (Ziff. 28) auch unmittelbar aus jener des Punktes A (ohne Benutzung des Hodographen) durchführen; die bezügliche Konstruktion ist in Abb. 42 eingetragen.

Konstruktion der Vektoren $\mathfrak{w}$ und $\mathfrak{l}$. Da der Schnittpunkt der Bilder von $\mathfrak{v}_A$ und $\mathfrak{v}_B$ den Antipol e_K des Bildes K der momentanen Drehachse für die sphärische Bewegung angibt, also des Bildes des Vektors $\mathfrak{w}$, so wird dieses als Antipolare des Punktes e_K konstruiert. Es ist natürlich $\omega' \parallel O'A'_1$, $\omega'' \parallel O''B''_1$. Ferner ist $\mathfrak{v}_A = \mathfrak{w} \times \mathfrak{r}_A = \mathfrak{w} \times \overrightarrow{OA_1}$ oder $-\mathfrak{v}_A = \overrightarrow{OA_1} \times \mathfrak{w}$; hienach ist die Bildlänge von $\mathfrak{w}$ gemäß Ziff. 2 wie folgt zu finden. Bestimme den Spurpunkt g_ω der durch A_1 gelegten Parallelen zu $\mathfrak{w}$ und ziehe durch $(a_1)'$ am Abbildungskreise die Normale zu $e_K\, g_\omega$; sie schneidet $O'A_1'$ in ω' und es ist die Bildlänge des Drehvektors gleich $\overline{O'\omega'}$.

Da für diese sphärische Bewegung die Beschleunigungen der beiden Punkte $A_1\, B_1$ bereits bekannt sind, so kann mit Hilfe der Beziehungen

$$\mathfrak{l} \times \mathfrak{r}_B = \mathfrak{b}_B - \mathfrak{w} \times \mathfrak{w} \times \mathfrak{r}_B,$$
$$\mathfrak{l} \times \mathfrak{r}_A = \mathfrak{b}_A - \mathfrak{w} \times \mathfrak{w} \times \mathfrak{r}_A,$$

in denen die Vektoren rechter Hand konstruiert werden können, der Vektor $\mathfrak{l}$ der Winkelbeschleunigung bestimmt werden. Sein Bild ist die Verbindung der Antipole der Bilder der bekannten vektoriellen Differenzen in obigen Gleichungen; die Bildlänge von $\mathfrak{l}$ ist nach Ziff. 8 zu ermitteln. Mit $\mathfrak{w}$ und $\mathfrak{l}$ sind nun die Beschleunigungen weiterer Systempunkte nach Ziff. 41 bestimmt.

F. Müller hat kürzlich in seiner Dissertation[1]) gezeigt, daß für den sphärischen Kurbeltrieb

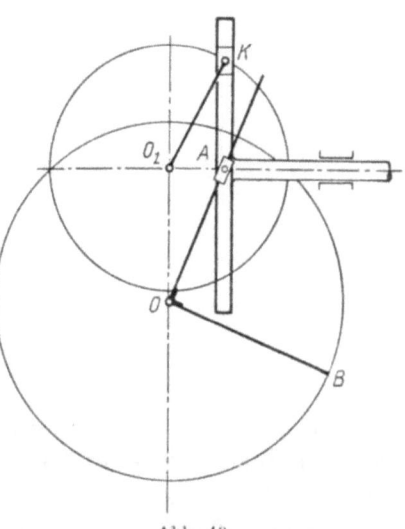

Abb. 43

mit dem Öffnungswinkel $\frac{\pi}{2}$ das räumliche Getriebe durch ein ebenes ersetzt werden kann. Verschiebt man nämlich den Grundriß in Abb. 42 in den Aufriß hinein, so daß die Punkte O' und A_2'' sich decken, dann ergibt sich das ebene Ersatzgetriebe der Abb. 43. Die rotierende Bewegung der Kurbel $O_1 K$ wird in die schwingende Bewegung des Stabes OA übertragen, der in einer um A drehbaren Hülse gleitet. Es entsteht so das rechtwinkelige Kreuzkurbelgetriebe, dessen kinematische Verhältnisse einfach darzustellen sind.

48. Das sphärische Doppelkurbelgetriebe.

Dieses Getriebe, das als Universalgelenk (Hookescher Schlüssel) für bewegliche Kupplungen Verwendung findet, besteht aus einem rechtwinkeligen und gleicharmigen Doppelkreuz $AA_1\, BB_1$, bei welchem die Enden jedes Armes mit den Enden je einer Gabel α, β gelenkig verbunden sind (Abb. 44). Jede Gabel ist um eine durch den Mittelpunkt

---

[1]) Untersuchung der Beschleunigungsverhältnisse (Massenwirkungen) beim sphärischen Kurbeltrieb und den damit verwandten Mechanismen (Schiefscheibenantrieb). Dissertation, genehmigt von der Technischen Hochschule Graz. 1928.

des Doppelkreuzes gehende Achse drehbar. Die Endpunkte AA_1 bewegen sich demnach in einem Kreise, dessen Ebene K_A senkrecht steht auf OA_2, ebenso beschreiben die Punkte BB_1 einen Kreis, dessen Ebene K_B senkrecht steht auf OB_2. Der Winkel der beiden Kreisebenen stimmt überein mit dem spitzen Winkel der beiden Wellenachsen. Das Doppelkreuz führt somit eine zwangläufige sphärische Bewegung aus. Gegeben sei die konstante Winkelgeschwindigkeit w_A der Drehung der Gabel α; es soll die Winkelgeschwindigkeit w_B und deren Änderung l_B für die Drehung der Gabel β konstruiert werden.

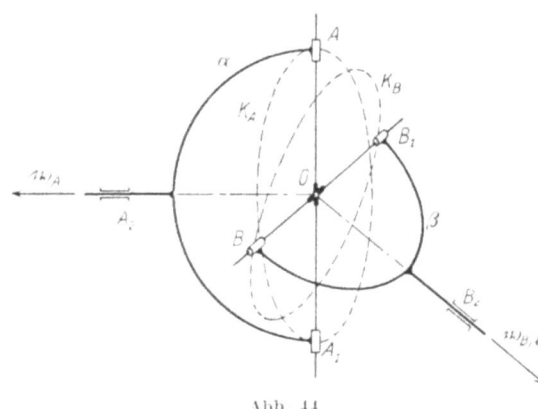

Abb. 44

Es vereinfacht die Konstruktion, wenn man die Kreisebene K_A als Aufrißebene und die Kreisebene K_B senkrecht zur Bildebene wählt (Abb. 45). Da sich OA demnach in der Aufrißebene bewegt, so ist wegen $OB \perp OA$ auch $OB'' \perp OA''$. Der Führungskreis K_B zeigt sich im Aufrisse als Ellipse mit der großen Achse OB_0''. Der zu einer beliebigen Lage des Punktes A gehörige Punkt B ist daher leicht zu finden, ebenso die Ellipsentangente in B'', wodurch die Richtung der gesuchten Geschwindigkeit $\mathfrak{v}_B$ festgelegt ist.

Setzt man weiters einfach $\omega_A = 1$, so ist die Länge von $\mathfrak{v}_A$ durch $O''A''$ gegeben. Zeichnet man nun die Bilder v_A und v_B (wobei der Halbmesser des Abbildungskreises gleich jenem des Führungskreises gewählt wird) und ermittelt den Antipol e_{AB}, so liefert die Gerade $e_K e_{AB}$ das Bild der relativen Geschwindigkeit $\mathfrak{v}_{BA}$[1]), so daß nun, da auch die Bildlänge $oa = A'a_1'$ der Geschwindigkeit $\mathfrak{v}_A$ bekannt ist, das Geschwindigkeitsdreieck oab gezeichnet werden kann. Macht man $ob = B'v_B'$, so ist hiemit der Grundriß der Geschwindigkeit von B dargestellt; da v_B'' der Lage nach bereits als Ellipsentangente bekannt ist, so ist auch der Aufriß bestimmt. Wird die Geschwindigkeit $\mathfrak{v}_B$ in die Bildebene nach H

---

[1]) Wenn der Punkt e_{AB} weitab fällt, so findet man am einfachsten die Richtung der Geraden $e_K e_{AB}$ — also des Bildes v_{BA} — durch Aufsuchung des Antipoles e_V von v_{BA}; dieser liegt im Schnitte des Bildes AB mit dem Bilde K der momentanen Drehachse (Antipolare von e_K), denn es steht $\mathfrak{v}_{BA}$ senkrecht auf $\mathfrak{K}$ und $\overrightarrow{AB}$. Die gesuchte Richtung von v_{BA} ist dann normal auf $O'e_V$.

Ist aber der Punkt e_K unzugänglich, dann erhält man das Bild K durch Verbindung der Antipole e_A und e_B der Bilder v_A und v_B, wobei $fe_A // O''A''$ ist.

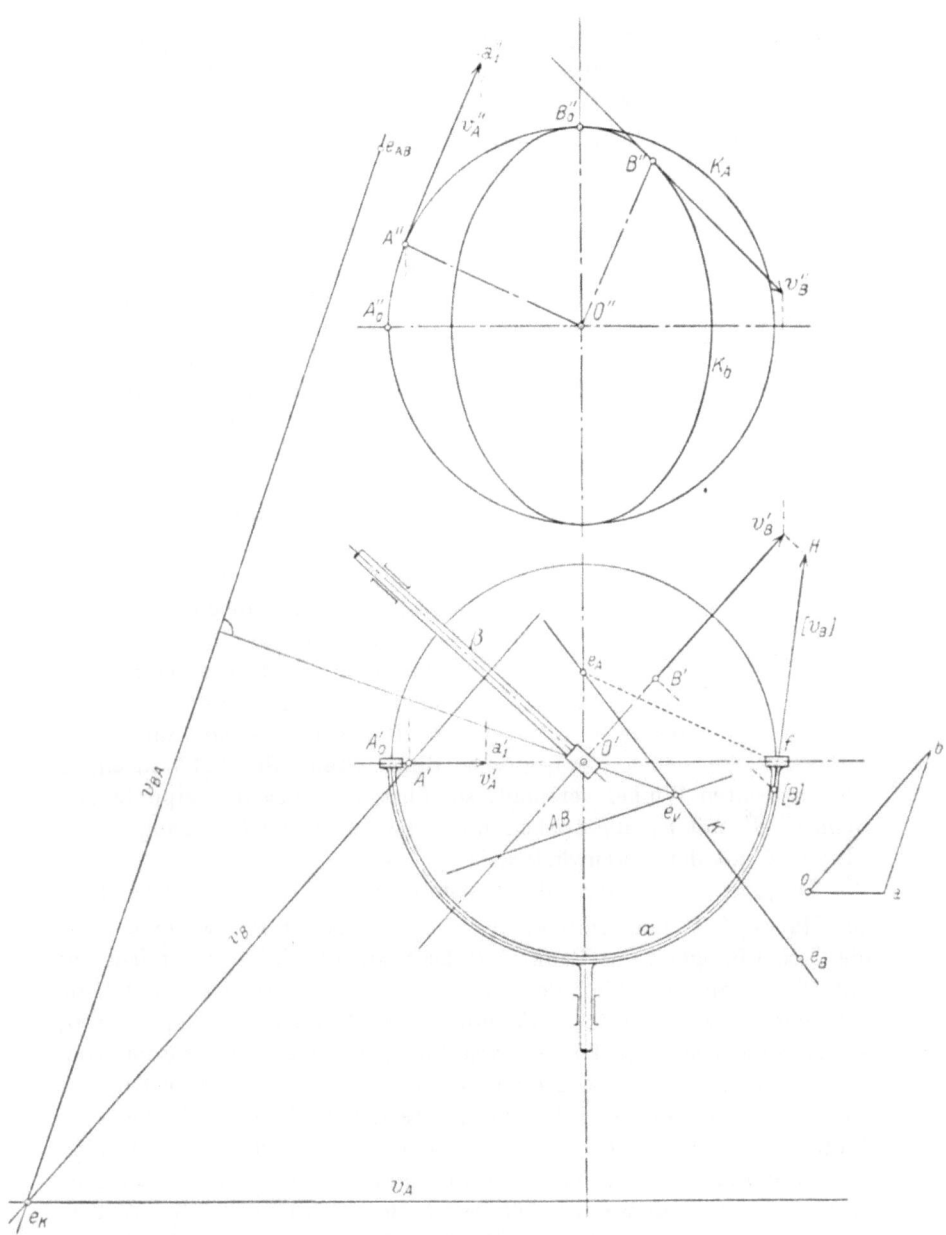

Abb. 45

umgeklappt, so hat man in der Strecke $[v_B]$, die in die Kreistangente in $[B]$ fällt, die wahre Größe von $\mathfrak{v}_B$ gefunden. Nun ist $\omega_B = \dfrac{[v_B]}{O[B]} = tg\,\beta$, wo β den Winkel $HO\,[B]$ bedeutet. Wird diese Konstruktion für einen ganzen Umlauf von OA'' wiederholt, so erfüllen die sich ergebenden Punkte H den örtlichen Hodographen der Bewegung von B, aus dem in bekannter Weise auch die Winkelbeschleunigungen l_B entnommen werden können[1]).

Für die Bewegung der sphärischen Doppelkurbel läßt sich, wenn man zunächst nur die Bewegung im Aufrisse berücksichtigt, auch ein ebenes Ersatzgetriebe angeben, für welches die Geschwindigkeit v_B'' einfach zu konstruieren ist. Werden nämlich (Abb. 46) die Enden des Stabes CD, dessen Länge gleich der Summe der Halbachsen der Ellipse E ist, auf deren Hauptachsen geführt, so beschreibt der Punkt B'', dessen Entfernungen von C und D gleich der kleinen, bzw. großen Achse der Ellipse sind, die Ellipse E; wird nun eine in B'' drehbare Hülse angebracht, durch welche der Stab $O''B''$ gleiten kann, und wird dieser Stab mit $O''A''$ zu einem starren rechten Winkel vereinigt, so führt der Hülsenmittelpunkt B'', wenn $O''A''$ mit v_A angetrieben wird, die geforderte Bewegung in der Ellipse E mit der Geschwindigkeit v_B'' aus.

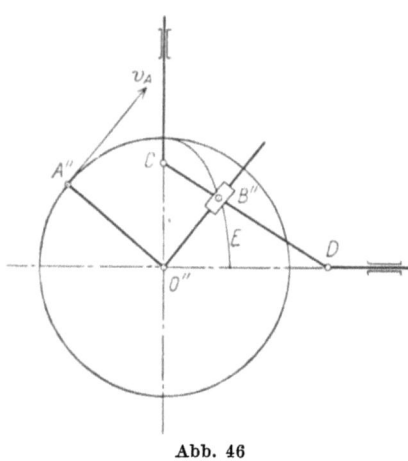

Abb. 46

Trägt man (Abb. 47) auf der Kreistangente in F im Sinne der Drehung des Stabes $O''A''$ den Halbmesser $O''A''$ auf, so ist $\overline{FF_1}$ wegen $\omega_A = 1$ die Geschwindigkeit des Punktes F der Stange $O''B''$, aus der jene des mit B'' sich augenblicklich deckenden Punktes des Stabes OF mit Hilfe der Linien F_1O'' und $B''G//FF_1$ gefunden wird. Zieht man $Gb_1'' \perp B''G$, wodurch die Richtung der relativen Geschwindigkeit des Hülsenmittelpunktes gegenüber der Stange angegeben ist, so erhält man im Schnitte dieser Geraden mit der Ellipsentangente den Endpunkt b_1'' von v_B''. Da auch die Lage des Grundrisses v_B' bekannt ist, so ist die Geschwindigkeit v_B in beiden Projektionen bestimmt und daher auch in der Umlegung von v_B im Grundrisse der Winkel β, dessen Tangente die Winkelgeschwindigkeit ω_B angibt. Die Beschleunigung $\mathfrak{b}_B$ des Punktes B setzt

---

[1]) Wittenbauer, F.: Graphische Dynamik, S. 550. Berlin: Julius Springer. 1923.

sich geometrisch zusammen aus der Beschleunigung $\mathfrak{b}_S$ des mit B'' sich deckenden Systempunktes S auf dem Stabe $O''F$, aus der relativen Beschleunigung $\mathfrak{b}_r$ der Gleitbewegung von B'' auf $O''F$ und aus der Coriolisbeschleunigung $\mathfrak{b}_c$, so daß

$$\mathfrak{b}_B = \mathfrak{b}_{B,1} + \mathfrak{b}_{B,2} = \mathfrak{b}_S + \mathfrak{b}_r + \mathfrak{b}_c.$$

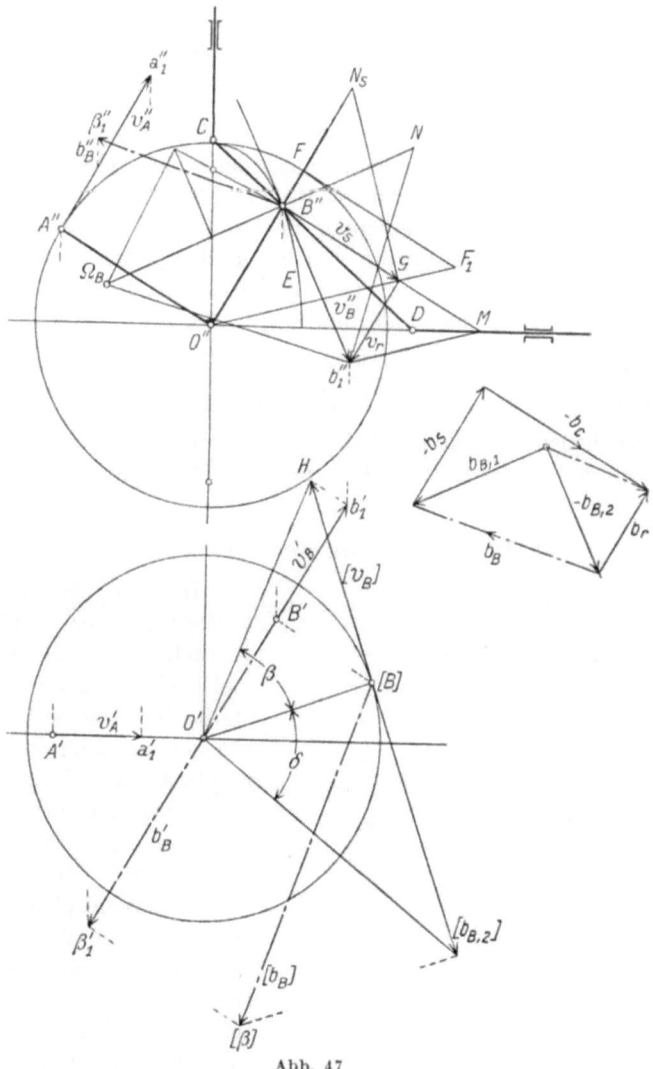

Abb. 47

$\mathfrak{b}_{B,2}$ fällt in die Ellipsentangente, $\mathfrak{b}_{B,1}$ ist gleich $\dfrac{v_B{}^2}{\varrho_B} = \dfrac{v_B{}^2}{B''\Omega_B}$; Ω_B bezeichnet den Krümmungsmittelpunkt der Ellipse, dessen Konstruktion in der Abbildung eingetragen ist. Zieht man die Normale $b_1''N$ zu $b_1''\Omega_B$, so ergibt sich $\mathfrak{b}_{B,1} = \overrightarrow{NB''}$. Da sich der Stab $O''F$ mit konstanter Winkelgeschwindigkeit dreht, so ist die Beschleunigung $b_S = \dfrac{v_S^2}{O''B''} = \overrightarrow{N_S B''}$, wobei N_S bestimmt ist durch $GN_S \perp O''G$.

Die Coriolisbeschleunigung beträgt $b_c = 2\dfrac{v_S}{O''B''} \cdot v_r$ und wird hienach erhalten, indem durch b_1'' die Parallele zu $O''G$ bis zum Schnitte M mit $B''G$ gelegt wird; aus der Ähnlichkeit der Dreiecke GMb_1'' und $B''GO''$ folgt $\mathfrak{b}_c = 2 \cdot \overrightarrow{GM}$, der Vektor $\mathfrak{b}_c$ hat die Richtung $\overrightarrow{O''A''}$. Bildet man nun aus diesen Beschleunigungsteilen den Vektor $\mathfrak{b}_{B,1} - \mathfrak{b}_S - \mathfrak{b}_c$ und zerlegt ihn nach den Richtungen des Strahles $O''B''$ und der Ellipsentangente, so liefert diese Zerlegung die Größe von $\mathfrak{b}_r$ und $-\mathfrak{b}_{B,2}$ und es ergibt die Zusammensetzung von $\mathfrak{b}_{B1}$ und $\mathfrak{b}_{B2}$ den Aufriß b_B'' der gesuchten Beschleunigung $\mathfrak{b}_B$. Ihr Grundriß fällt in die Gerade $O'B'$ und es kann nun aus der Umlegung $[b_B]$ in die Bildebene der Winkel δ entnommen werden, womit zufolge $tg\,\delta = \dfrac{[b_{B_2}]}{O[B]}$ die Winkelbeschleunigung der Drehung des Schenkels OB bestimmt ist.

Hinsichtlich der Konstruktion von $\mathfrak{w}$ und $\mathfrak{l}$ für diese sphärische Bewegung gelten die in Ziff. 43 gemachten Angaben.

49. Die Bewegung der Taumelscheibe.

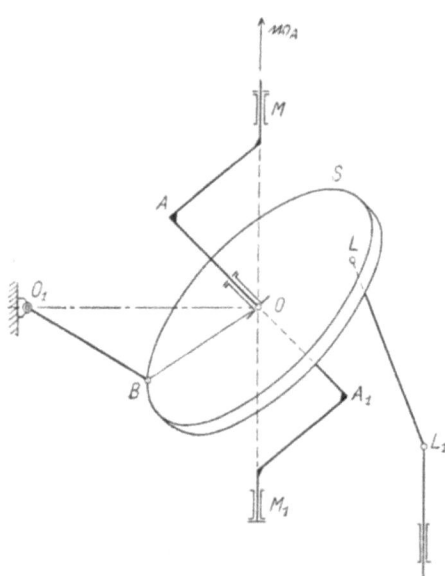

Abb. 48

In Abb. 48 ist die Erweiterung des sphärischen Kurbelgetriebes zu einer Taumelscheibe schematisch dargestellt. Die Scheibe S kann sich um die zu ihrer Ebene senkrechte Achse AA_1 drehen, nicht aber entlang dieser Achse verschieben. Ein Punkt B der Scheibe ist durch einen Lenker an das Kugelgelenk O_1 angeschlossen, so daß er einen Kreis beschreibt, dessen Ebene senkrecht steht auf OO_1. Rotiert nun die Achse AA_1 mit $\mathfrak{w}_A$ um die feste Achse MM_1, so führt die Scheibe eine zwangläufige sphärische Bewegung um den festbleibenden Punkt O

aus, denn die Punkte A und B sind an gegebene Kreisbahnen gebunden, und die in den Mittelpunkten der Kreise errichteten Normalen zu den Ebenen der Kreise schneiden sich in O.

Die Geschwindigkeits- und Beschleunigungsverhältnisse sind nach dem für den geschränkten sphärischen Kurbeltrieb in Ziff. 47 angegebenen Verfahren zu untersuchen. Die Bewegungsverhältnisse einer an die Scheibe angeschlossenen Pleuelstange LL_1, deren Ende L_1 geradlinig geführt wird, können nach III. B (Zweipunktführung) zeichnerisch dargestellt werden.

Für das System der Beschleunigungsdrücke gelten die allgemeinen Ausführungen in Ziff. 40 mit der Vereinfachung, daß vom Beschleunigungszustande bereits der Beschleunigungspol bekannt ist, der in den festen Drehpunkt fällt. Sind $\mathfrak{l}, \mathfrak{l}^1$ die Vektoren der Winkelbeschleunigungen, welche dem gleichen Geschwindigkeitszustand einer zwangläufigen sphärischen Bewegung angehören, so genügen sie nach Gleichung (21) der Beziehung:

$$\mathfrak{l}^1 = \mathfrak{l} + \lambda\,\mathfrak{w}.$$

Für die zugehörigen Beschleunigungen eines Systempunktes B besteht nach Gleichung (23) der Zusammenhang

$$\mathfrak{b}_B{}^1 = \mathfrak{b}_B + \lambda\,\mathfrak{v}_B.$$

Wendet man auf das Gleichgewichtssystem der eingeprägten Kräfte, der Trägheitskräfte und der Reaktionskräfte in den Führungen das Prinzip der virtuellen Arbeiten an für eine virtuelle Drehung um die augenblickliche Drehachse, so ergibt sich für den Wert λ eine von den unbekannten Reaktionen freie lineare Gleichung, nach deren graphischer Auswertung der durch die eingeprägten Kräfte entstandene Beschleunigungszustand festgelegt ist.

Die graphische Zerlegung des Kraftsystems der Trägheitskräfte und der eingeprägten Kräfte in jenes der Reaktionskräfte führt endlich zur Kenntnis der letzteren.

Bei der Durchführung dieser Aufgaben kommen die im Abschnitte IV gezeigten Methoden zur Anwendung.

Federhofer, Kinematik

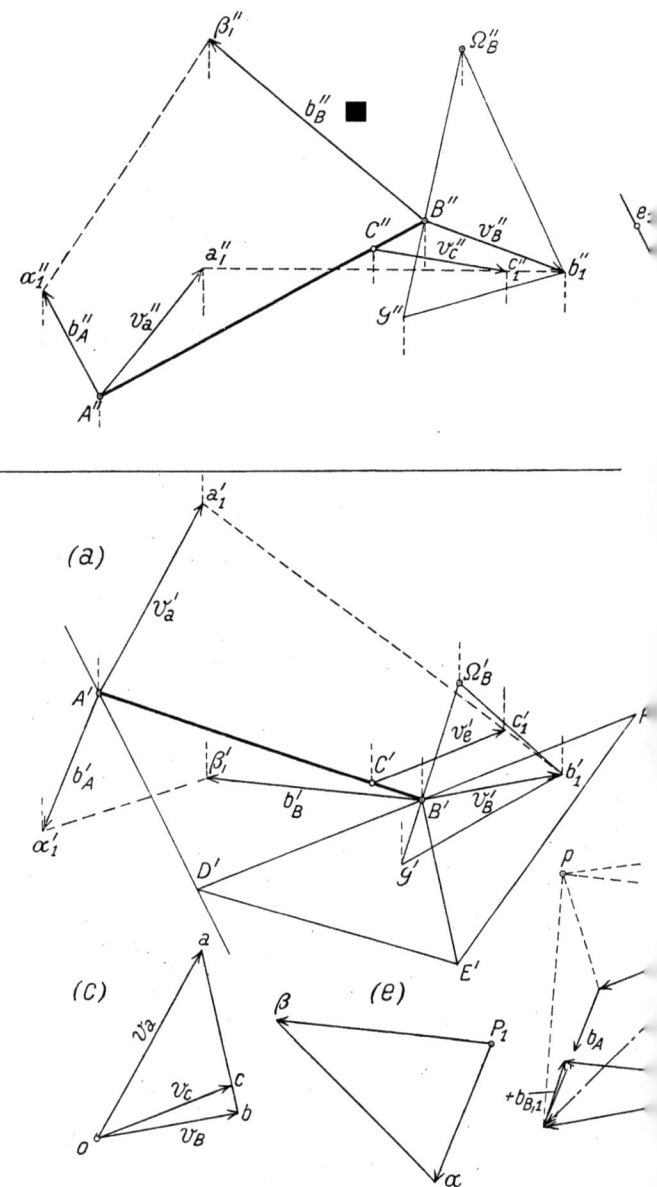

Tafel I

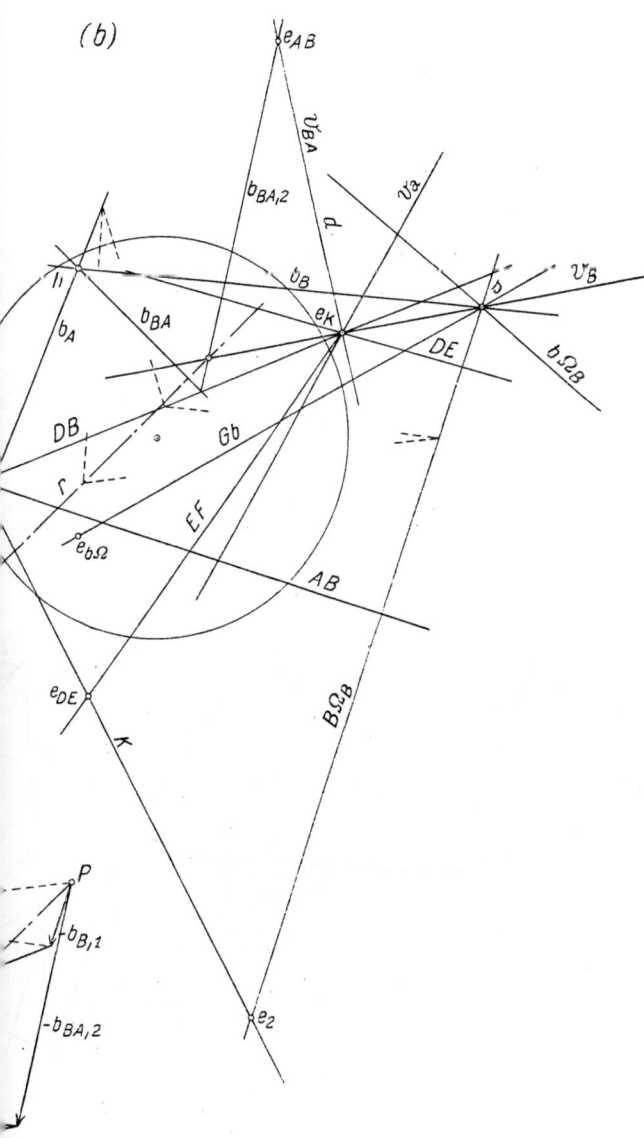

ger in Wien

Federhofer, Kinematik

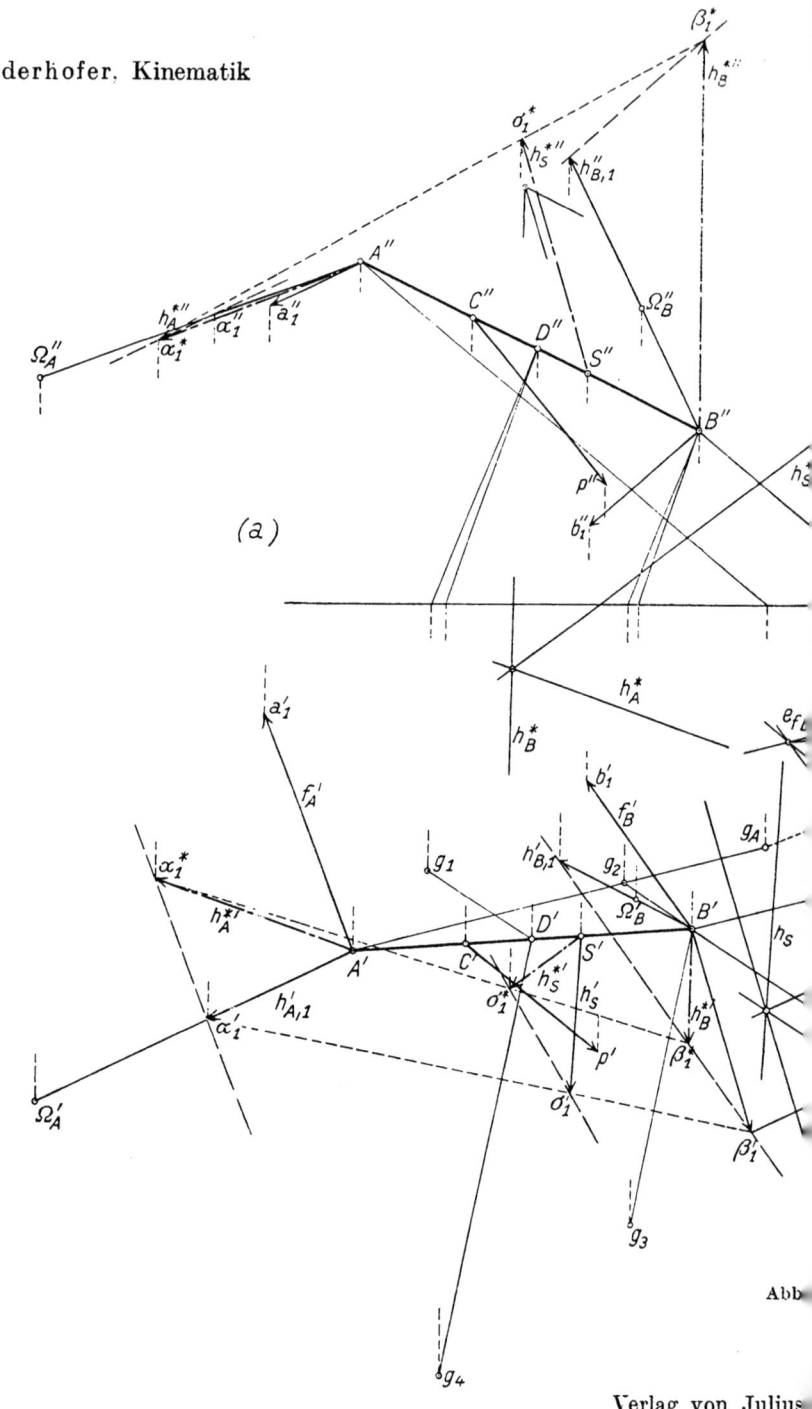

(a)

Tafel II

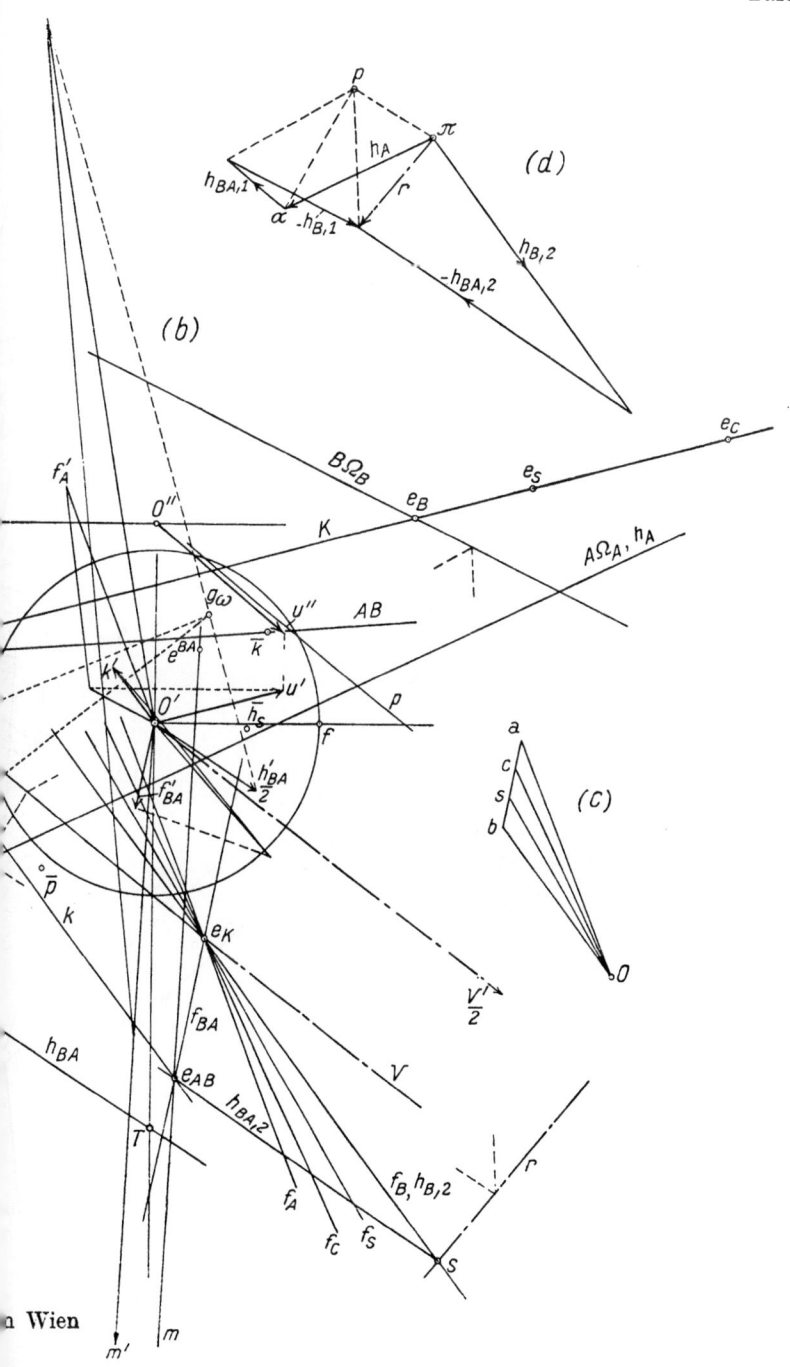

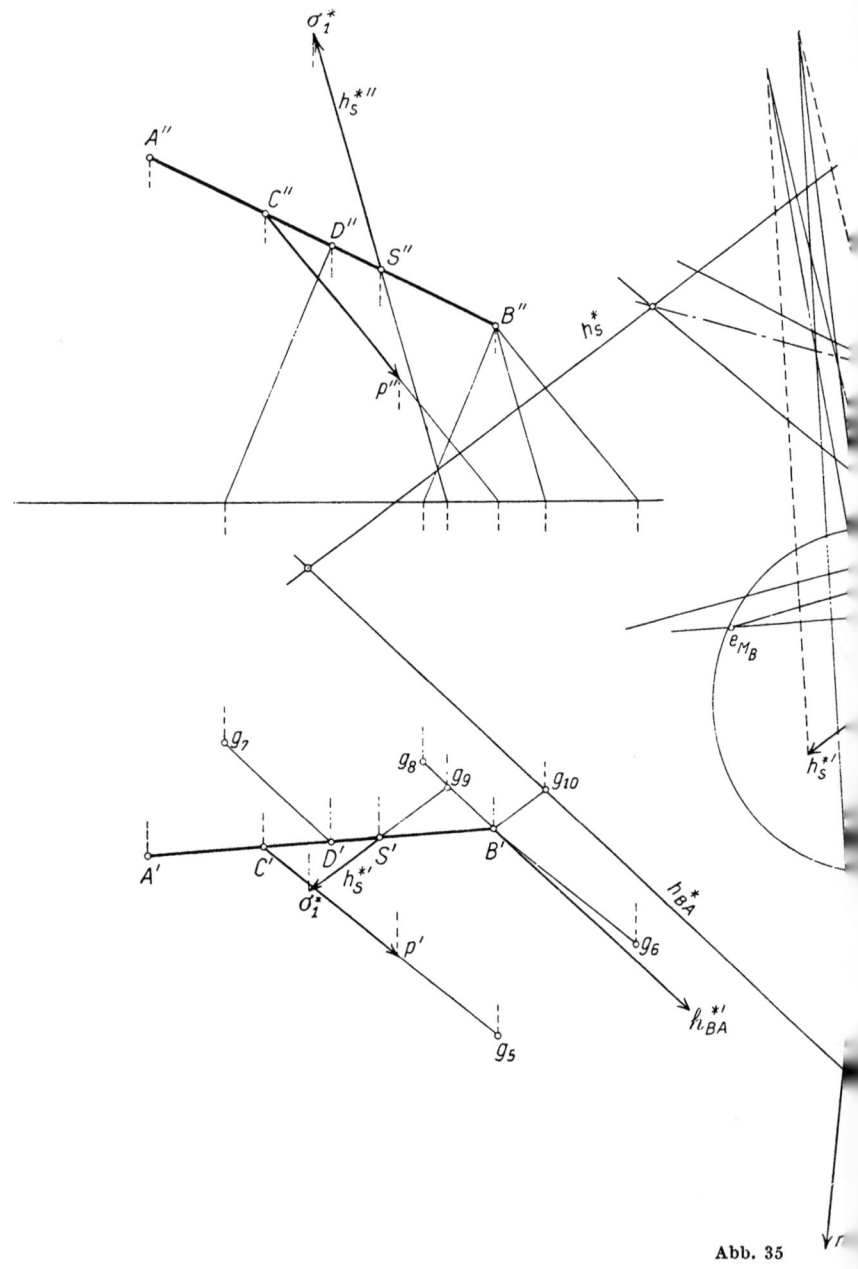

Abb. 35

Tafel III

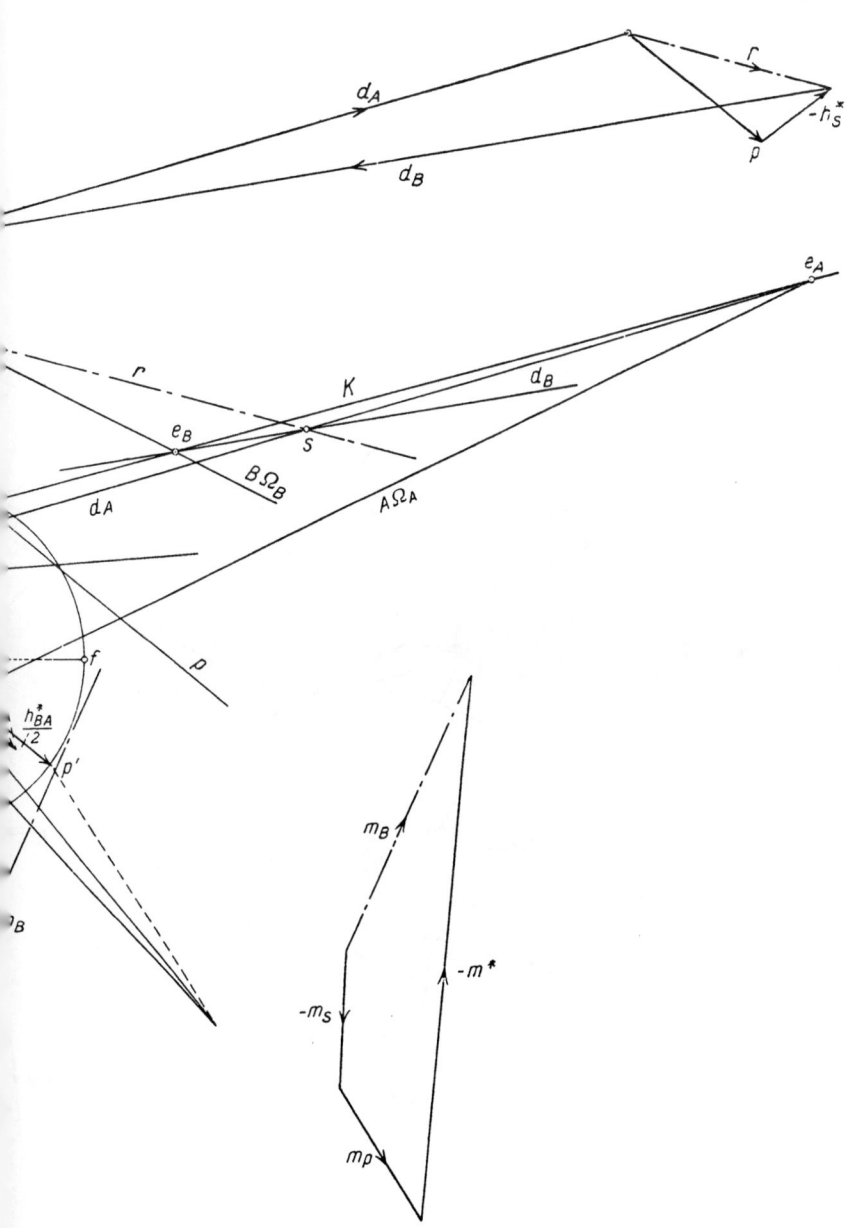

Federhofer, Kinematik

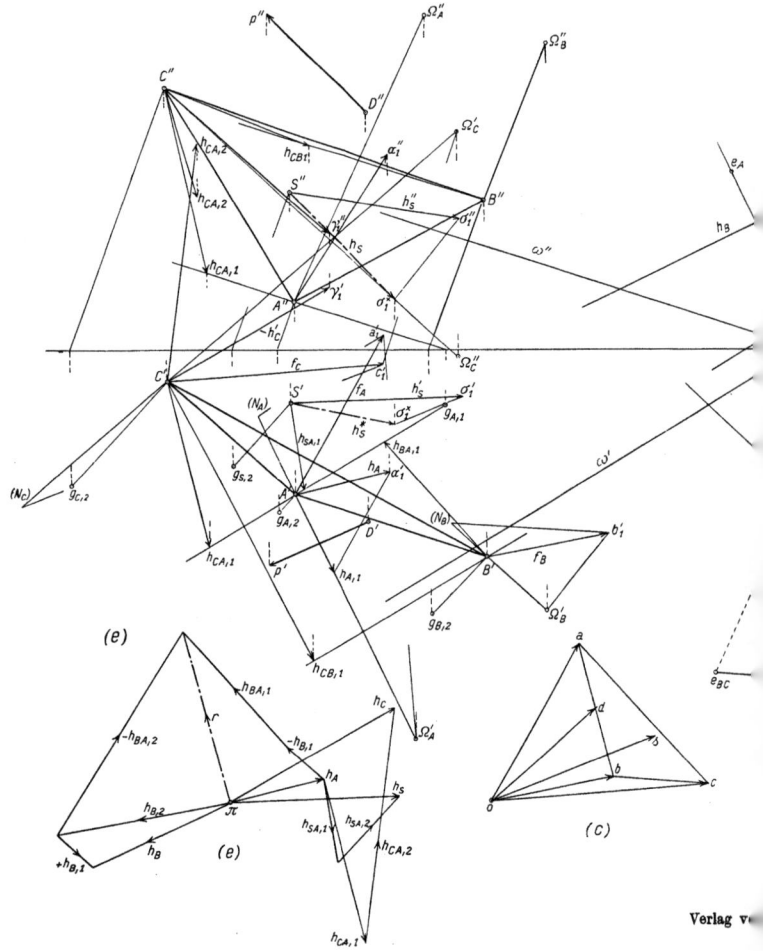

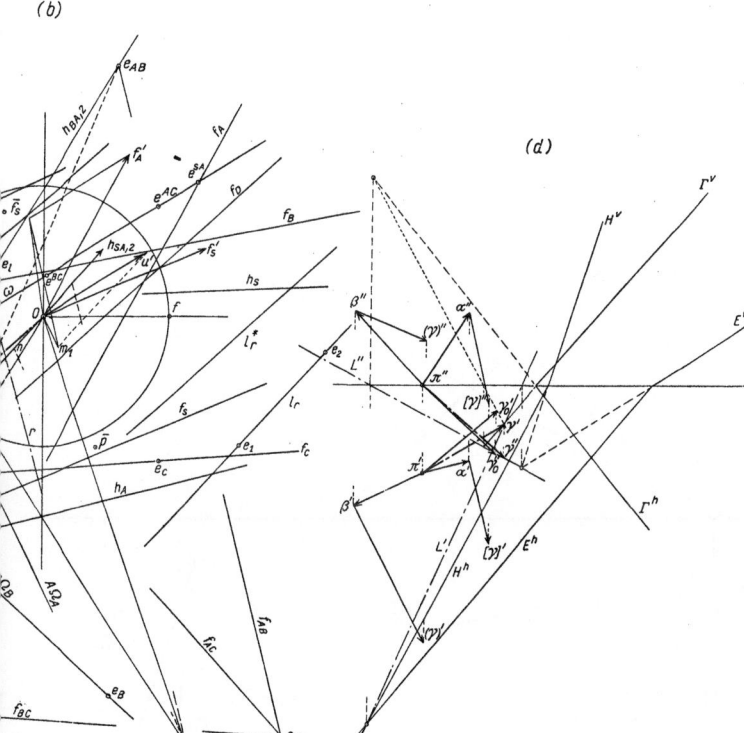

Tafel IV

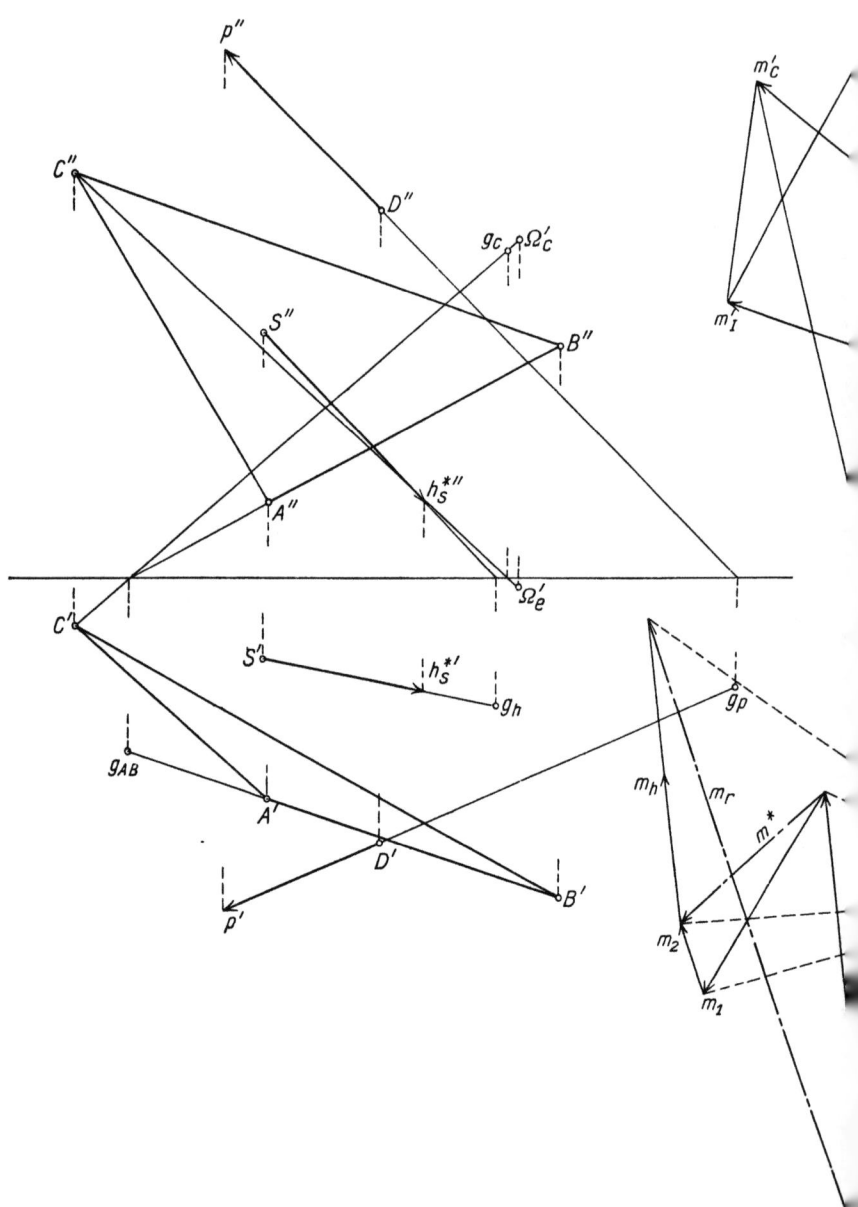

Tafel V

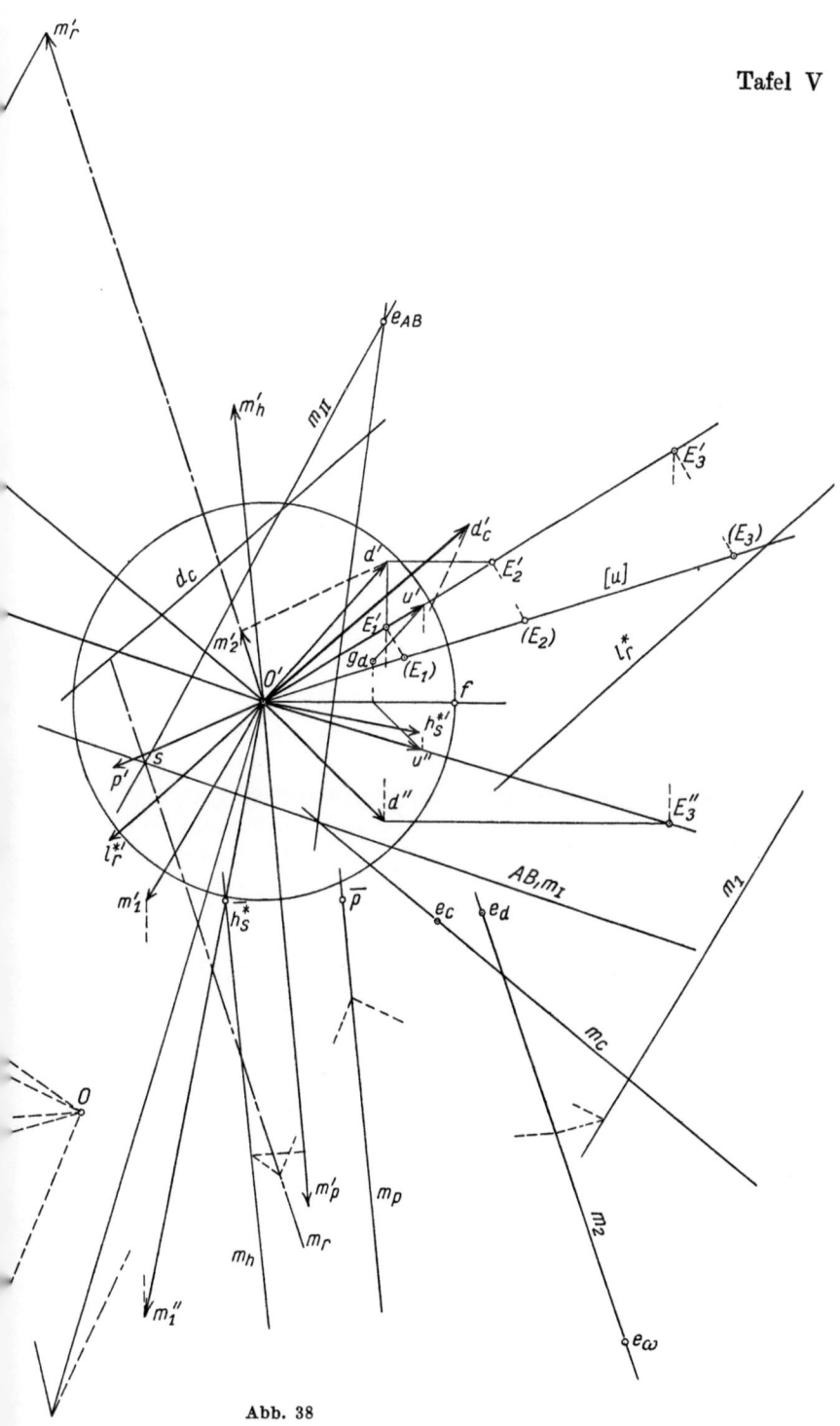

Abb. 38

Verlag von Julius Springer in Wien

Konstruktive Abbildungsverfahren. Eine Einführung in die neueren Methoden der darstellenden Geometrie. Von Prof. Dr. techn. **Ludwig Eckhart**, Privatdozent an der Technischen Hochschule in Wien. Mit 49 Abbildungen im Text. 123 Seiten. 1926. RM 5.40

Das Büchlein verfolgt den Zweck der Einführung in die neueren Verfahren der darstellenden Geometrie und gibt einen Überblick, wie sich dieser Zweig der Mathematik entwickelt. Die neue einheitliche Behandlungsart soll weiteren Kreisen zugänglich sein und auch dem Nichtgeometer das Verständnis erleichtern. In Fortsetzung des Abbildungsprinzips von Emil Müller wurde der analytische Weg zur Diskussion der Bilder eingeschlagen und von den „Abbildungsgleichungen" ausgegangen. Reiche Literaturangaben für die zehn Abschnitte vermitteln weiteres Studium.
Zeitschrift des Österreichischen Ingenieur- und Architekten-Vereines

Der Verfasser geht von den analytischen Abbildungsgleichungen aus, kommt so zu den singulären Kollineationen, die der klassischen Abbildung des Punktraumes zugrunde liegen, und zu der allgemeinsten linearen Abbildung des Strahlenraumes, aus der er durch Spezialisierung die Spurenabbildung gewinnt... In einem sehr hübsch geratenen Abschnitt wird die in der Praxis noch viel zu wenig angewandte darstellende Geometrie des n-dimensionalen Raumes behandelt. Sehr zu begrüßen ist auch die knappe und übersichtliche Zusammenstellung der Ergebnisse der Zyklographie sowie einiger anderer nichtlinearer Abbildungen...
Zeitschrift für angewandte Mathematik und Mechanik

Taschenbuch für Ingenieure und Architekten. Unter Mitwirkung von Prof. Dr. H. B a u d i s c h - Wien, Ing. Dr. Fr. B l e i c h - Wien, Prof. Dr. A. Haerpfer-Prag, Dozent Dr. L. Huber-Wien, Prof. Dr. P. Kresnik-Brünn, Prof. Dr. h. c. J. Melan-Prag, Prof. Dr. F. S t e i n e r - Wien. Herausgegeben von Ing. Dr. **Fr. Bleich** und Prof. Dr. h. c. **J. Melan**. Mit 634 Abbildungen im Text und auf einer Tafel. 715 Seiten. Format 20·3 × 12·5. 1926. In Ganzleinen gebunden RM 22.50

...Nach einer reichhaltigen Zusammenstellung mathematischer Tafeln, Formeln und Verfahren, die beispielsweise auch die Differentialgleichungen in sich schließt, werden die vorwiegend theoretischen Fächer, Mechanik, Festigkeitslehre und Baustatik in mustergültiger Weise behandelt. Begriffe und Gedankengänge erscheinen klar und knapp erläutert, die letzten Fortschritte und der praktische Gebrauch berücksichtigt. Ein nahezu doppelt so großer Raum ist den Hauptsonderfächern des Bauingenieurs und nebenbei dem wichtigsten jener Wissensgebiete zugewiesen, die sonst im Bereiche des Interesses liegen...
Zeitschrift des Österreichischen Ingenieur- und Architekten-Vereines

...Daß das Buch als Ganzes in Aufbau und Durchführung eine wertvolle Leistung von neuartigem Gepräge darstellt, dafür bürgen schon die Namen der Herausgeber, die auch die Bearbeitung wichtiger Abschnitte selbst übernommen haben.
Zeitschrift des Vereines deutscher Ingenieure

Beiträge zur technischen Mechanik und technischen Physik. August Föppl zum siebzigsten Geburtstag am 25. Januar 1924 gewidmet von seinen Schülern W. Bäseler, G. Bauer, L. Dreyfus, R. Düll, L. Föppl, O. Föppl, J. Geiger, H. Hencky, K. Huber, Th. v. Kármán, O. Mader, L. Prandtl, C. Prinz, J. Schenk, W. Schlink, E. Schmidt, M. Schuler, F. Schwerd, D. Thoma, H. Thoma, S. Timoschenko, C. Weber. Mit dem Bildnis August Föppls und 111 Abbildungen im Text. VIII, 208 Seiten. 1924.
RM 8.—; gebunden RM 9.60

Mathematische Strömungslehre. Von Privatdozent Dr. **Wilhelm Müller**, Hannover. Mit 137 Textabbildungen. IX, 239 Seiten. 1928.
RM 18.—; gebunden RM 19.50

Mathematische Schwingungslehre. Theorie der gewöhnlichen Differentialgleichungen mit konstanten Koeffizienten sowie einiges über partielle Differentialgleichungen und Differenzgleichungen. Von Dr. **Erich Schneider**. Mit 49 Textabbildungen. VI, 194 Seiten. 1924.
RM 8.40; gebunden RM 9.15

Mechanische Schwingungen und ihre Messung. Von Dr.-Ing. **Josef Geiger**, Oberingenieur, Augsburg. Mit 290 Textabbildungen und 2 Tafeln. XII, 305 Seiten. 1927.
Gebunden RM 24.—

Grundzüge der technischen Schwingungslehre. Von Professor Dr.-Ing. **Otto Föppl** in Braunschweig, Technische Hochschule. Mit 106 Abbildungen im Text. VI, 151 Seiten. 1923. RM 4.—; gebunden RM 4.80

Technische Schwingungslehre. Ein Handbuch für Ingenieure, Physiker und Mathematiker bei der Untersuchung der in der Technik angewendeten periodischen Vorgänge. Von Professor Dr. **Wilhelm Hort**, Diplom-Ingenieur, Berlin. Z w e i t e , völlig umgearbeitete Auflage. Mit 423 Textfiguren. VIII, 828 Seiten. 1922.
Gebunden RM 24.—

Die Berechnung der Drehschwingungen und ihre Anwendung im Maschinenbau. Von **Heinrich Holzer**, Oberingenieur der Maschinenfabrik Augsburg-Nürnberg. Mit vielen praktischen Beispielen und 48 Textfiguren. IV, 200 Seiten. 1921.
RM 8.—; gebunden RM 9.—

Fluglehre. Vorträge über Theorie und Berechnung der Flugzeuge in elementarer Darstellung. Von Dr. **Richard von Mises**, Professor an der Universität Berlin. D r i t t e , stark erweiterte Auflage. Mit 192 Textabbildungen. VI, 321 Seiten. 1926.
RM 12.60; gebunden RM 13.50

Verlag von Julius Springer in Berlin W9

Christmann-Baer, Grundzüge der Kinematik. Zweite, umgearbeitete und vermehrte Auflage von Prof. Dr.-Ing. H. Baer in Breslau. Mit 164 Textabbildungen. VI, 138 Seiten. 1923.
RM 4.—; gebunden RM 5.50

Graphische Dynamik. Ein Lehrbuch für Studierende und Ingenieure. Mit zahlreichen Anwendungen und Aufgaben. Von Professor **Ferdinand Wittenbauer** † in Graz. Mit 745 Textfiguren. XVI, 797 Seiten, 1923.
Gebunden RM 30.—

Theoretische Mechanik. Eine einleitende Abhandlung über die Prinzipien der Mechanik. Mit erläuternden Beispielen und zahlreichen Übungsaufgaben. Von A. E. H. Love, ordentlicher Professor der Naturwissenschaft an der Universität Oxford. Autorisierte deutsche Übersetzung der zweiten Auflage von Dr.-Ing. Hans Polster. Mit 88 Textfiguren. XIV, 424 Seiten. 1920.
RM 12.—; gebunden RM 14.—

Aufgaben aus der technischen Mechanik. Von Professor **Ferdinand Wittenbauer** †.

Erster Band: **Allgemeiner Teil.** 839 Aufgaben nebst Lösungen. Fünfte, verbesserte Auflage, bearbeitet von Dr.-Ing. **Theodor Pöschl**, o. ö. Professor an der Deutschen Technischen Hochschule in Prag. Mit 640 Textabbildungen. VIII, 281 Seiten. 1924. Gebunden RM 8.—

Zweiter Band: **Festigkeitslehre.** 611 Aufgaben nebst Lösungen und einer Formelsammlung. Dritte, verbesserte Auflage. Mit 505 Textfiguren. VIII, 400 Seiten. 1918. Unveränderter Neudruck 1922.
Gebunden RM 8.—

Dritter Band: **Flüssigkeiten und Gase.** 634 Aufgaben nebst Lösungen und einer Formelsammlung. Dritte, vermehrte und verbesserte Auflage. Mit 433 Textfiguren. VIII, 390 Seiten. 1921. Unveränderter Neudruck. 1922.
Gebunden RM 8.—

Franz Reuleaux und seine Kinematik. Von Dipl.-Ing. Carl Weihe, Frankfurt a. M. Mit dem Aufsatz „Kultur und Technik" von F. Reuleaux. Mit 4 Abbildungen. VI, 99 Seiten. 1925.
Gebunden RM 3.—

Getriebelehre. Eine Theorie des Zwanglaufes und der ebenen Mechanismen. Von Prof. **M. Grübler.** Mit 202 Textfiguren. VIII, 154 Seiten. 1917. Unveränderter Neudruck. 1921.
RM 4.20

Die Getriebe der Textiltechnik. Ein Beitrag zur Kinematik für Maschineningenieure, Textiltechniker, Fabrikanten und Studierende der Textilindustrie von Dr.-Ing. **Oscar Thiering**, Professor am Polytechnikum in Budapest. Mit 258 Textabbildungen. IV, 134 Seiten. 1926.
RM 12.—; gebunden RM 13.50

Berichtigungen

Seite 23, Zeile 12 von oben: lies „$\overrightarrow{kO}$" statt „$\overrightarrow{k_o}$".
Seite 29, Fußnote ¹) und ²): lies „S. 14" statt „S. 4".
Seite 40, Zeile 10 von oben: lies „$\overrightarrow{FB}$" statt „$\overline{BF}$",

MIX
Papier aus verantwortungsvollen Quellen
Paper from responsible sources
FSC® C105338

If you have any concerns about our products,
you can contact us on
ProductSafety@springernature.com

In case Publisher is established outside the EU,
the EU authorized representative is:
**Springer Nature Customer Service Center GmbH
Europaplatz 3, 69115 Heidelberg, Germany**

Printed by Libri Plureos GmbH
in Hamburg, Germany